基礎数学の講義と演習

塚本 達也　　鎌野 健

LECTURES AND
EXERCISES ON
BASIC MATHEMATICS

学術図書出版社

はじめに

　本書は，高校で微積分を履修していない学生向けの授業の教科書として 2012 年に出版した「微積分への基礎数学」をベースに，新たに複素数，図形と方程式の章およびいくつかの章に応用問題（C 問題）を加え，全体を 2 色刷としたものです．

　できるだけ学生に優しい教科書をという思いで，多くの先生方のアドバイスをいただきながら試行錯誤を重ねて作り上げました．特に大阪工業大学の数学教室の石川恒男先生，服部哲也先生，同教育センターの八尾隆先生には貴重な意見をいただきました．また，学術図書出版社の高橋秀治氏には出版にあたって大変お世話になりました．ここにあらためて皆様に感謝申し上げます．

2019 年 12 月

著　者

目　　次

第1章　2次関数　　6
　1.1　1次関数 6
　1.2　1次関数の逆関数 7
　1.3　2次関数 8
　1.4　2次関数の逆関数 10
　1.5　平行移動と対称移動 11
　1.6　合成関数 12

第2章　有理関数と無理関数　　14
　2.1　有理関数 14
　2.2　有理関数と不等式 15
　2.3　無理関数 15
　2.4　無理関数と不等式 16

第3章　三角関数1　　18
　3.1　三角比 18
　3.2　弧度法 18
　3.3　一般角 20
　3.4　三角関数 20
　3.5　三角関数を含む方程式・不等式 22
　3.6　三角関数の性質 22

第4章　三角関数2　　26
　4.1　加法定理 26
　4.2　倍角公式 27
　4.3　三角関数の合成 28
　4.4　加法定理の応用 29
　4.5　補足 29

第5章　三角関数3　　32
　5.1　三角関数のグラフ 32

第6章　指数関数　　36
　6.1　整数乗 36
　6.2　有理数乗 36
　6.3　無理数乗 38
　6.4　指数関数 39
　6.5　補足 40

第7章　対数関数　　43
　7.1　対数関数 43
　7.2　補足 45

第 8 章 関数の極限　　　　　　　　　　　　　　　　　　　　　　　　　　　**48**
　8.1　発散と無限大 49
　8.2　片側極限 50
　8.3　指数関数・対数関数の極限 50
　8.4　極限の性質 51
　8.5　はさみうちの原理 52

第 9 章 微分 1　　　　　　　　　　　　　　　　　　　　　　　　　　　　　　　**55**
　9.1　微分係数 55
　9.2　導関数 56

第 10 章 微分 2　　　　　　　　　　　　　　　　　　　　　　　　　　　　　　**59**
　10.1　合成関数の微分法 59

第 11 章 微分 3　　　　　　　　　　　　　　　　　　　　　　　　　　　　　　**63**
　11.1　逆関数の微分法 63
　11.2　対数微分法 63
　11.3　陰関数とその導関数 64

第 12 章 微分 4　　　　　　　　　　　　　　　　　　　　　　　　　　　　　　**66**
　12.1　関数の増減と極大・極小 66
　12.2　不等式への応用 68

第 13 章 微分 5　　　　　　　　　　　　　　　　　　　　　　　　　　　　　　**70**
　13.1　曲線の凹凸と変曲点 70
　13.2　高次導関数 71

第 14 章 不定積分　　　　　　　　　　　　　　　　　　　　　　　　　　　　　**74**
　14.1　不定積分 74
　14.2　置換積分法 76
　14.3　部分積分法 77

第 15 章 定積分　　　　　　　　　　　　　　　　　　　　　　　　　　　　　　**80**
　15.1　定積分 80
　15.2　定積分の基本的な性質 81
　15.3　定積分の置換積分法 82
　15.4　定積分の部分積分法 83
　15.5　面積 83
　15.6　回転体の体積 84

第 16 章 複素数　　　　　　　　　　　　　　　　　　　　　　　　　　　　　　**86**
　16.1　複素数と 2 次方程式 87
　16.2　極形式 88

第 17 章 補足：図形と方程式　　　　　　　　　　　　　　　　　　　　　　　**92**
　17.1　直線と方程式 92
　17.2　円と直線 93
　17.3　不等式の表す領域 94

第 1 章　2 次関数

x を，いろいろな値（実数）をとる変数とする．各 x に対して，ただ 1 つの値（実数）y を対応させる規則 f を**関数**といって $y = f(x)$ と表す*．x を**独立変数**，y を**従属変数**という．

> 独立変数 x のとりうる値の範囲をその関数の**定義域**という†．また，x が定義域内の
> すべての値をとるときの従属変数 y のとる値 全体をこの関数の**値域**という．
> 定義域内の実数 p と，p における値 $f(p)$ で定まる xy 平面上の点 $(p, f(p))$ の集まりを
> 関数 $y = f(x)$ の**グラフ** という．

最も簡単な関数は $y = 3$ のように，どのような x についても y は一定の値（この場合は 3）をとる関数である．このような関数 $y = a$ を**定数関数**という‡．

1.1　1 次関数

$y = 2x$ や $y = 3x + 1$ のように $y = ax + b$ の形に表される関数を **1 次関数**という．ただし $a \neq 0$ とする（$a = 0$ のときは定数関数）．a は直線の傾き，b は y **切片**§を表している．

> 例題 1.1. $y = 2x + 1$ のグラフを描け．

解説：通る 2 点を求め，直線で結べばよい．

ここでは y 軸との交点と x 軸との交点を求めよう．

まず $x = 0$ を代入して y 切片を求めると $y = 1$．

次に $y = 0$ すなわち $2x + 1 = 0$ を解いて

x 軸との交点の x 座標を求めると $x = -\dfrac{1}{2}$．

したがって，求めるグラフは右のようになる．

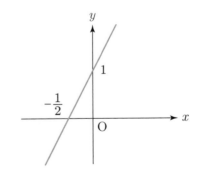

---

* この表示は x の値を決めると y の値が決まることを意味している．
† 特に指定のない限り，定義域は $f(x)$ を表す式が意味をもつ x の値全体とする．
‡ 数学では，定数にはアルファベットの前の方の文字 $a, b, c, \cdots$，変数には後の方の文字 $z, y, x, \cdots$ を使う．
§ y 軸との交点の y 座標を y 切片という．

1.2 1次関数の逆関数

$y = 2x + 1$ は $-2, -1, 0, 1, 2$ にそれぞれ $-3, -1, 1, 3, 5$ を対応させる関数である.

ここで逆に, $-3, -1, 1, 3, 5$ にそれぞれ $-2, -1, 0, 1, 2$ を対応させる関数を考えよう. これは下表からもわかるように x と y を入れ替えて矢印の向きを逆にしたものである. そこで x と y を入れ替えると, 式は $x = 2y + 1$ となる. さらにこの式を y について解いてみれば $y = \dfrac{1}{2}x - \dfrac{1}{2}$ のように見慣れた形になる. これが $y = 2x + 1$ の逆関数である.

x	-2	-1	0	1	2	y
$\downarrow$						$\uparrow$
y	-3	-1	1	3	5	x

> 関数 $y = f(x)$ について, 値域の値 y に対して $y = f(x)$ となる定義域の値 x が ただ1つのとき, 逆向きの対応 $y \mapsto x$ で定まる関数を f の**逆関数**といい, f^{-1} と表す*.
> 通常の書き方では y と x を入れ替えて $y = f^{-1}(x)$ と書く†.

グラフを使って見てみよう. まず $y = 2x + 1$ のグラフで x と y を入れ替えると左下の図になる. これでよいのだが x 軸が縦, y 軸が横になっていて見慣れない. そこで斜め 45° の直線 （$y = x$ のグラフ）に関して対称移動すると, 右下の図のようになる. したがって, 元の関数のグラフとその逆関数のグラフは $y = x$ について線対称であることが分かる.

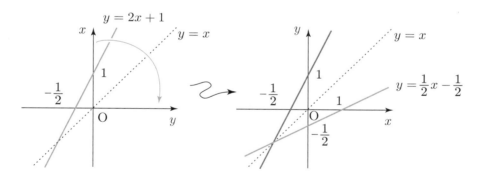

x を関数 f で対応させたものを, さらに逆関数 f^{-1} で対応させたものは x である. 式で書くと $f^{-1}(f(x)) = x$ となる. イメージとしては x を f で移して f^{-1} で移し戻す, というものである. また $f(f^{-1}(y)) = y$ でもある.

---

* "エフ インバース" と読む. インバース (inverse) は 逆のもの, という意味.

† $f^{-1}(x)$ は $\dfrac{1}{f(x)}$ ではないので注意. こちらは $(f(x))^{-1}$ と表す.

1.3 2次関数

2次関数は $y = -\dfrac{1}{2}x^2 + 5x + 3$ のように $y = ax^2 + bx + c$ の形に書かれる関数である.
ただし $a \neq 0$ とする ($a = 0$ のときは1次関数か定数関数). グラフは次のように**軸**について
対称な**放物線**となる.

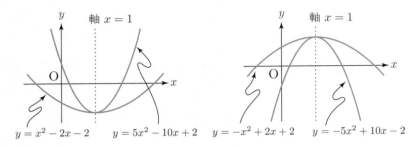

$y = x^2 - 2x - 2$ $y = 5x^2 - 10x + 2$ $y = -x^2 + 2x + 2$ $y = -5x^2 + 10x - 2$

形の特徴は右のようになる.

> 1. 軸に関して対称な放物線.
>
> 2. a が正なら**下に凸**で, 負なら**上に凸***.
>
> 3. $|a|$ の値が大きくなるほど, グラフは鋭くなる.

> 例題 1.2. 関数 $y = 4x^2 - 4x - 3$ のグラフを描け.

解説: 次のことを求めればよい.

> 1. y 軸との交点 $\cdots\cdots$ $x = 0$ を代入.
>
> 2. x 軸との交点† $\cdots\cdots$ $y = a(x - r)(x - s)$ の形に変形すると
> x 軸との交点は $(r, 0), (s, 0)$(因数分解・解の公式)
>
> 3. 軸と頂点‡の位置 $\cdots$ $y = a(x - p)^2 + q$ の形に変形(**平方完成**)すると§
>   軸 $x = p$ で頂点 (p, q).

まず $x = 0$ を代入して y 切片 -3 を得る. 次に解の公式から x 軸との交点の x 座標を求める
と $x = -\dfrac{1}{2}, \dfrac{3}{2}$ である. 2次方程式の解の公式は次のとおり.

> 方程式 $ax^2 + bx + c = 0$ の解は $x = \dfrac{-b \pm \sqrt{b^2 - 4ac}}{2a}$

---

* 数学的な定義は **70** ページ参照.
† 方程式 $y = 0$ が実数解をもたない場合(次ページ枠内参照)は x 軸との交点はない.
‡ 頂点とは軸と放物線の交点.
§ $y = ax^2 + bx + c$ を $y = a(x - p)^2 + q$ の形に変形することを平方完成という.

たすき掛けで求めてもよい. $(ax+b)(cx+d) = acx^2 + (ad+bc)x + bd = 4x^2 - 4x - 3$
だから, 係数を比べて $ac = 4, ad + bc = -4, bd = -3$ となる a, b, c, d を探す.
まず $ac = 4$ を満たす整数 a, c と $bd = -3$ を満たす整数 b, d を挙げる.

$$
\begin{cases} a = 1 \\ c = 4 \end{cases}
\begin{cases} a = 2 \\ c = 2 \end{cases}
\begin{cases} a = 4 \\ c = 1 \end{cases}
\begin{cases} a = -1 \\ c = -4 \end{cases}
\begin{cases} a = -2 \\ c = -2 \end{cases}
\begin{cases} a = -4 \\ c = -1 \end{cases}
$$

$$
\begin{cases} b = 1 \\ d = -3 \end{cases}
\begin{cases} b = 3 \\ d = -1 \end{cases}
\begin{cases} b = -1 \\ d = 3 \end{cases}
\begin{cases} b = -3 \\ d = 1 \end{cases}
$$

この中で $ad + bc = -4$ を満たす組として $a = 2, c = 2, b = 1, d = -3$ がある¶.
よって $4x^2 - 4x - 3 = (2x + 1)(2x - 3) = 0$ から, x 軸との交点の x 座標が求められる.

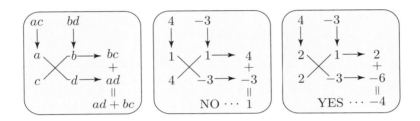

2次方程式の解は, 異なる2つの実数解か, 重解, または実数解をもたないかのいずれかだが,
このいずれになるかは解の公式の根号内の $b^2 - 4ac$ を計算すればわかる. この $b^2 - 4ac$ を
2次方程式 $ax^2 + bx + c = 0$ の**判別式**といい D で表す.

2次方程式 $ax^2 + bx + c = 0$ について　　$D > 0 \Leftrightarrow$ 異なる2つの実数解をもつ.

$D = 0 \Leftrightarrow$ 1つの実数解（重解）をもつ.

$D < 0 \Leftrightarrow$ 実数解をもたない.

最後に平方完成して軸と頂点を求める.
$y = 4(x - p)^2 + q$ の形にするので
$4x^2 - 8px + (4p^2 + q) = 4x^2 - 4x - 3$ の
係数を比べて $-8p = -4, 4p^2 + q = -3$ を解く.
すると $p = \dfrac{1}{2}, q = -4$ だから $y = 4\left(x - \dfrac{1}{2}\right)^2 - 4$.
したがって, グラフは右のようになる.

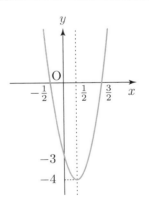

¶ 他に3組 $(a, c, b, d) = (2, 2, -1, 3), (-2, -2, 1, -3), (-2, -2, -1, 3)$ があるが, 1組見つければよい.

1.4　2次関数の逆関数

$y = x^2$ の逆関数を考えよう．まず1次関数のときと同様，下のように $x = -2, -1, 0, 1, 2$ とそれらに対応する y の値の表を作り，次に下から上への関数を考える．しかし下から上への対応を見ると行き先が2つあるものがある（例えば1の行き先は1と -1）．よって，下から上への対応は関数になっていないので $y = x^2$ の逆関数はない，としてもいいが一工夫してみよう．

x	-2	-1	0	1	2	y
$\downarrow$						$\uparrow$
y	4	1	0	1	4	x

まず左下の $y = x^2$ のグラフを見ると，0以外のどんな正の実数 a をもってきても，2乗して a となる x が2つある．ここで，この2つの数は片方が正，もう片方が負であることに注意．そこで $y = x^2$ の定義域を $x \geq 0$ にせばめてみよう．すると右下のグラフからわかるように，どんな正の実数 a をもってきても，2乗して a となる x が1つだけあるようになった．つまり $y = x^2$ $(x \geq 0)$ なら逆関数をもつのである．

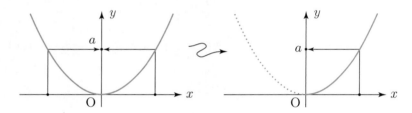

このとき，$y = x^2$ $(x \geq 0)$ の逆関数のグラフを描いてみよう．まず $y = x^2$ $(x \geq 0)$ のグラフで x と y を入れ替え，その後直線 $y = x$ に関して対称移動すると下のようになる．

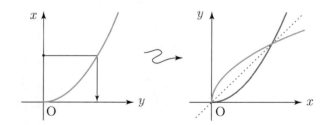

$y = x^2$ $(x \geq 0)$ の逆関数を式で見てみよう．まず x と y を入れ替えて，$x = y^2$ $(y \geq 0)$ を得る（上の図左を参照）．これを y について解けば，$y \geq 0$ から $y = \sqrt{x}$ である．したがって，$y = x^2$ $(x \geq 0)$ の逆関数は $y = \sqrt{x}$ である*．

---

* $y = x^2$ $(x \leq 0)$ の逆関数は $x = y^2$ $(y \leq 0)$ から $y = -\sqrt{x}$ である．

1.5 平行移動と対称移動

$y = g(x)$ のグラフが, $y = f(x)$ のグラフを x 軸方向に 3, y 軸方向に 2 だけ平行移動したものであるとしよう. すると逆に $y = g(x)$ のグラフの各点 $(\mathbf{x}, \mathbf{y})$ を y 軸方向に -2, x 軸方向に -3 だけ平行移動した点 $(\mathbf{x} - 3 , \mathbf{y} - 2)$ は $y = f(x)$ のグラフ上の点だから $\mathbf{y} - 2 = f(\mathbf{x} - 3)$, すなわち $\mathbf{y} = f(\mathbf{x} - 3) + 2$ である. よって, $y = g(x) = f(x - 3) + 2$ を得る.

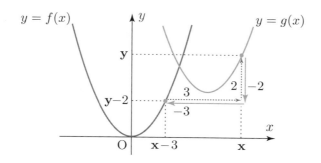

一般に, 関数 $y = f(x)$ のグラフの平行移動について次のことが成り立つ.

> $y = f(x)$ のグラフを x 軸方向に p , y 軸方向に q だけ平行移動すると関数 $y - q = f(x - p)$, すなわち, $y = f(x - p) + q$ のグラフとなる.

2 次関数の式 $y = ax^2 + bx + c$ は平方完成により $y = a(x - p)^2 + q$ の形に変形することができるので, そのグラフは $y = ax^2$ のグラフを x 軸方向に p , y 軸方向に q だけ平行移動したものである. 例題 1.2 の $y = 4x^2 - 4x - 3$ は $y = 4\left(x - \dfrac{1}{2}\right)^2 - 4$ と変形できるので, そのグラフは $y = 4x^2$ のグラフを x 軸方向に $\dfrac{1}{2}$, y 軸方向に -4 だけ平行移動したものである.

> 例題 1.3. 関数 $y = 2x^2 + 4x - 1$ のグラフを x 軸方向に 1, y 軸方向に 3 だけ平行移動した放物線をグラフとする 2 次関数を求めよ.

解答: $y = 2(x - 1)^2 + 4(x - 1) - 1 + 3 = 2(x^2 - 2x + 1) + 4x - 4 + 2 = 2x^2$.

関数 $y = f(x)$ のグラフの対称移動については次のことが成り立つ.

> $y = f(x)$ のグラフを x 軸に関して対称移動すると関数 $y = -f(x)$ のグラフとなる.
> $y = f(x)$ のグラフを y 軸に関して対称移動すると関数 $y = f(-x)$ のグラフとなる.

たとえば関数 $y = x^2 - 2x + 2$ のグラフを x 軸に関して対称移動すると，関数
$$y = -(x^2 - 2x + 2) = -x^2 + 2x - 2$$
のグラフとなり，

y 軸に関して対称移動すると，関数
$$y = (-x)^2 - 2(-x) + 2 = x^2 + 2x + 2$$
のグラフとなる．

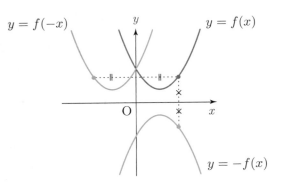

1.6 合成関数

2 つの関数 $f(x)$, $g(x)$ に対し，これらを続けた対応 $x \mapsto f(x) \mapsto g(f(x))$ で定まる関数を $(g \circ f)(x)$ または $g(f(x))$ で表し $f(x)$ と $g(x)$ の**合成関数**という．

例題 1.4. $f(x) = 2x$, $g(x) = x^2$ のとき，
$$(f \circ f)(x),\ (f \circ g)(x),\ (g \circ f)(x),\ \text{および}\ (g \circ g)(x) \text{を求めよ}.$$

解答:

$(f \circ f)(x) = f(f(x)) = f(2x) = 2(2x) = 4x.$ $(f \circ g)(x) = f(g(x)) = f(x^2) = 2(x^2) = 2x^2.$

$(g \circ f)(x) = g(f(x)) = g(2x) = (2x)^2 = 4x^2.$ $(g \circ g)(x) = g(g(x)) = g(x^2) = (x^2)^2 = x^4.$

3 つ以上の関数の合成関数も考えられる．たとえば 3 つの関数 $f(x)$, $g(x)$, $h(x)$ の合成関数は
$$x \mapsto f(x) \mapsto g(f(x)) \mapsto h(g(f(x)))$$
で定まる関数で $(h \circ g \circ f)(x)$ または $h(g(f(x)))$ と表す．

練習問題 1

A1.1　次の関数のグラフを描け．

(1) $y = \dfrac{1}{2}x + 2$　　(2) $y = -3x - 1$　　(3) $y = 3$　　(4) $x - 2y + 4 = 0$

A1.2　次の関数の逆関数を求めよ．　　(1) $y = \dfrac{1}{2}x + 2$　　(2) $y = -3x - 1$

A1.3　次の関数のグラフを描け．

(1) $y = 2x^2 - 2$　　　　(2) $y = (x + 1)^2 + 2$　　(3) $y = x^2 - 3x + 2$

(4) $y = -x^2 + 2x + 2$　　(5) $y = x^2 - 2x + 2$　　(6) $y = 4x^2 + 4x - 3$

A1.4 関数 $y = x^2 - 2x$ のグラフを次のように移動させた放物線をグラフとする

$\quad$ 2 次関数を求めよ.

$\quad$ (1) x 軸方向に 2, y 軸方向に -1 だけ平行移動.

$\quad$ (2) x 軸に関して対称移動.

$\quad$ (3) y 軸に関して対称移動.

A1.5 $f(x) = x + 1, g(x) = x^2 - 1$ のとき, $(f \circ f)(x), (f \circ g)(x), (g \circ f)(x),$

$\quad$ および $(g \circ g)(x)$ を求めよ.

B1.1 関数 $y = 2x^2 + 3x + 4$ のグラフを次のように移動させた放物線をグラフとする

$\quad$ 2 次関数を求めよ.

$\quad$ (1) x 軸方向に 2, y 軸方向に 3 だけ平行移動させて, さらに y 軸に関して対称移動.

$\quad$ (2) y 軸に関して対称移動させて, さらに x 軸方向に 2, y 軸方向に 3 だけ平行移動.

B1.2 $f(x) = x + 1, g(x) = 2x - 1$ のとき, 次の関数を求めよ.

$\quad$ (1) $y = (f \circ g)(x)$ の逆関数 $\quad$ (2) $y = (g \circ f)(x)$ の逆関数

C1.1 ブレーキが効き始めてから自動車が止まるまでの距離を制動距離という.

$\quad$ ある環境下では, 速さが v [km/時] のときの制動距離は $\dfrac{v^2}{160}$ [m] であるという.

$\quad$ この関係が成り立っているとき, 次の問いに答えよ.

$\quad$ (1) 40 [km/時] の速さで走っている自動車の制動距離を求めよ.

$\quad$ (2) 制動距離が 30 [m] のとき, 自動車の速さはおよそ何 [km/時] か.

$\quad\quad$ 小数第 1 位を四捨五入して求めよ.

C1.2 90 [m] の高さから物体を静かに落とすと, t 秒後には, 物体は地上から $90 - 4.9\,t^2$ [m]

$\quad$ の位置にあることが知られている. このとき, 次の問いに答えよ.

$\quad$ (1) 物体が地面に落下するのはおよそ何秒後か. 小数第 2 位を四捨五入して求めよ.

$\quad$ (2) 物体を落としてから 3 秒後までの物体の平均の速さを求めよ.

第2章 有理関数と無理関数

2.1 有理関数

$y = \dfrac{1}{x}$ や $y = \dfrac{2x^2 + 1}{x - 2}$ のように，分数式で表される関数を**有理関数（分数関数）**という．

定義域は分母が 0 となる値を除いた実数全体である．ここでは $y = \dfrac{ax + b}{cx + d}$ の形の有理関数を

学ぶ．ただし $c \neq 0, ad - bc \neq 0$ とする*．

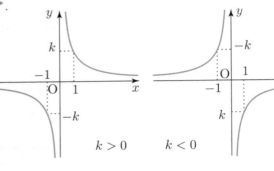

まず $y = \dfrac{k}{x}$ $(k \neq 0)$ を考えよう．

定義域は 0 以外の実数全体であり，

そのグラフは右図のようになる．

グラフは原点に関して対称な双曲線で，

x 軸と y 軸はともにその**漸近線**である．

例題 2.1. 関数 $y = \dfrac{2}{x - 2} + 3$ のグラフを描け．

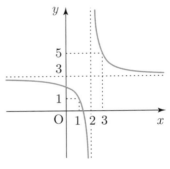

解説：グラフの平行移動（11 ページ）から下のことが成り立つ．

よって $y = \dfrac{2}{x - 2} + 3$ のグラフは $y = \dfrac{2}{x}$ のグラフを x 軸方向に

2，y 軸方向に 3 だけ平行移動したものだから右のようになる．

漸近線は 2 直線 $x = 2, y = 3$ である．

$y = \dfrac{k}{x - p} + q$ のグラフは $y = \dfrac{k}{x}$ のグラフを x 軸方向に p，y 軸方向に q だけ平行移動したもの．

例題 2.2. 関数 $y = \dfrac{3x - 4}{x - 2}$ のグラフを描け．

解説：$y = \dfrac{3x - 4}{x - 2} = \dfrac{\{3(x - 2) + 6\} - 4}{x - 2} = \dfrac{2}{x - 2} + 3$ だから求めるグラフは例題 2.1 と同じ．

　一般に，関数 $y = \dfrac{ax + b}{cx + d}$ $(c \neq 0, ad - bc \neq 0)$ は，$y = \dfrac{k}{x - p} + q$ の形に変形できるので

グラフは $y = \dfrac{k}{x}$ のグラフを x 軸方向に p，y 軸方向に q だけ平行移動したものである．

---

* $c = 0$ のときは 1 次関数で $ad - bc = 0$ のときは定数関数である．

2.2　有理関数と不等式

有理関数のグラフを利用して不等式を解いてみよう.

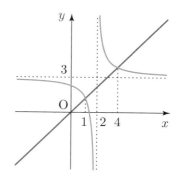

> 例題 2.3. グラフを利用して不等式 $\dfrac{3x-4}{x-2} > x$ を解け.

解説: $y = \dfrac{3x-4}{x-2}$ … (1) と $y = x$ … (2) とおく.

前の例題から (1) と (2) のグラフは右のようになる.

(1) と (2) の交点の x 座標を求めると $\dfrac{3x-4}{x-2} = x$ より $x^2 - 5x + 4 = 0$ を解いて $x = 1, 4$.

(1) のグラフが (2) のグラフより上にある x を求めればよいので, $x < 1, 2 < x < 4$ である.

2.3　無理関数

$y = \sqrt{x-2}$ や $y = \sqrt[3]{x^2 - 3}$ のように根号の中に文字を含む式を**無理式**といい, 無理式で表される関数を**無理関数**という. ここでは $y = \pm\sqrt{ax+b} + c\ (a \neq 0)$ の形の無理関数を学ぶ. 定義域は根号の中を負にしない実数全体である.

まず $y = \sqrt{x}$ を考えよう. これは 10 ページで学んだように $y = x^2\ (x \geqq 0)$ の逆関数で, 定義域は $x \geqq 0$ である.

次に $y = -\sqrt{x}$ は $y = (-1) \times \sqrt{x}$ だから定義域は同じく $x \geqq 0$ で, そのグラフは $y = \sqrt{x}$ と x 軸について対称である. また $y = x^2\ (x \leqq 0)$ の逆関数でもある.

一般に, 関数 $y = \sqrt{ax}$ と $y = -\sqrt{ax}$ のグラフは右のようになる $(a > 0)$.

$y = \sqrt{-x}$ を考えよう. この関数の定義域は $x \leqq 0$ でそのグラフは $y = \sqrt{x}$ と y 軸について対称である. また $y = -x^2\ (x \geqq 0)$ の逆関数でもある.

さらに $y = -\sqrt{-x}$ は $y = (-1) \times \sqrt{-x}$ だから定義域は同じく $x \leqq 0$ で, そのグラフは $y = \sqrt{-x}$ と x 軸について対称である. また $y = -x^2\ (x \leqq 0)$ の逆関数でもある.

一般に, 関数 $y = \sqrt{-ax}$ と $y = -\sqrt{-ax}$ のグラフは右のようになる $(a > 0)$.

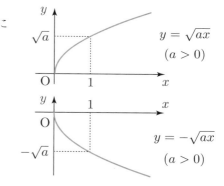

例題 2.4. 関数 $y = \sqrt{2\left(x - \dfrac{1}{2}\right)} + 2$ のグラフを描け.

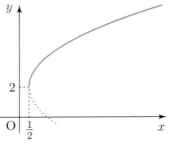

解説：グラフの平行移動（11 ページ）から下のことが成り立つ.

よって $y = \sqrt{2\left(x - \dfrac{1}{2}\right)} + 2$ は $y = \sqrt{2x}$ を x 軸方向に $\dfrac{1}{2}$,

y 軸方向に 2 だけ平行移動したものだから右のようになる.

$y = \pm\sqrt{a(x - p)} + q$ のグラフは $y = \pm\sqrt{ax}$ のグラフを x 軸方向に p, y 軸方向に q だけ平行移動したものである.

例題 2.5. 関数 $y = \sqrt{2x - 1} + 2$ のグラフを描け.

解説： $y = \sqrt{2x - 1} + 2 = \sqrt{2\left(x - \dfrac{1}{2}\right)} + 2$ だから求めるグラフは例題 2.4 と同じ.

一般に，関数 $y = \pm\sqrt{ax + b} + c\ (a \neq 0)$ は $y = \pm\sqrt{a\left\{x - \left(-\dfrac{b}{a}\right)\right\}} + c$ と変形できるので，グラフは $y = \pm\sqrt{ax}$ のグラフを x 軸方向に $-\dfrac{b}{a}$, y 軸方向に c だけ平行移動したものである.

2.4　無理関数と不等式

無理関数でもグラフを利用して不等式を解いてみよう.

例題 2.6. グラフを利用して不等式 $\sqrt{2x - 1} + 2 > x$ を解け.

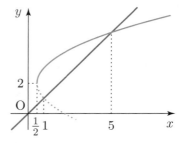

解説： $y = \sqrt{2x - 1} + 2 \cdots$ (1) と $y = x \cdots$ (2) とおく.

(1) のグラフが (2) のグラフより上にある x を求める.

前の例題から (1) と (2) のグラフは右のようになる.

(1) と (2) の交点の x 座標は $\sqrt{2x - 1} + 2 = x$ より

$x^2 - 6x + 5 = 0$. これを解くと $x = 1, 5$ であるから，

グラフより求める x 座標は $x = 5$ である. よって求める解は $\dfrac{1}{2} \leqq x < 5$ である.

練習問題 2

A2.1　次の関数のグラフを描け.

(1) $y = \dfrac{4}{x}$　　(2) $y = \dfrac{3x+10}{x+2}$　　　　(3) $y = -\dfrac{2}{x}$　　(4) $y = \dfrac{2x}{x+1}$

A2.2　グラフを利用して次の不等式を解け.

(1) $\dfrac{4}{x} > x$　　(2) $\dfrac{3x+10}{x+2} < x+2$　　(3) $-\dfrac{2}{x} > -x$　　(4) $\dfrac{2x}{x+1} > -x+2$

A2.3　次の関数のグラフを描け.

(1) $y = \sqrt{2x}$　　　　　　(2) $y = \sqrt{2x+4}-2$　　　　　　(3) $y = -\sqrt{2x-2}+2$

(4) $y = \sqrt{-2x+2}+1$　　　(5) $y = -\sqrt{-2x+4}-1$

A2.4　グラフを利用して次の不等式を解け.

(1) $\sqrt{2x+4}-2 > x$　　(2) $-\sqrt{2x-2}+2 > x-3$　　(3) $\sqrt{-2x+2}+1 > -x+2$

B2.1　$y = \dfrac{ax+b}{cx+d}$ を $y = \dfrac{k}{x-p}+q$ の形に変形せよ（ただし $c \neq 0$ とする）.

C2.1　対角線の長さが 1 [m] である長方形のポスターがある. このとき, 次の問いに答えよ.

(1) ポスターの 1 辺の長さを x [m] とするとき, もう 1 辺の長さを x を用いて表せ.

(2) ポスターの面積がちょうど 0.4 [m^2] であるとき, ポスターの 2 辺の長さはそれぞれ

何 [m] か. 小数第 3 位を四捨五入して求めよ.

C2.2　人が住む部屋は, 換気が必要である. 換気口が上下に 2 つある場合, 単位時間あたりの

換気量は 2 つの換気口間の距離の正の平方根に比例することが知られている. 上下 2 つの

換気口間の距離が 2.0 [m] の部屋があるとき, 換気口の位置を変えて単位時間あたりの

換気量を現在の 1.2 倍にするには, 換気口間の距離を何 [m] にしたらよいか.

小数第 2 位を四捨五入して求めよ.

第 3 章　三角関数 1

3.1　三角比

直角三角形 ABC を考えよう. 2 辺の長さの "比" $\dfrac{\mathrm{BC}}{\mathrm{AB}}$, $\dfrac{\mathrm{AC}}{\mathrm{AB}}$, $\dfrac{\mathrm{BC}}{\mathrm{AC}}$ は

角 A の大きさ* A によってのみ決まる†量である. それぞれ次のように表す.

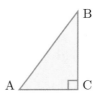

$$\frac{\mathrm{BC}}{\mathrm{AB}} = \sin A \quad (A \text{ のサインまたは**正弦**という})$$

$$\frac{\mathrm{AC}}{\mathrm{AB}} = \cos A \quad (A \text{ のコサインまたは**余弦**という})$$

$$\frac{\mathrm{BC}}{\mathrm{AC}} = \tan A \quad (A \text{ のタンジェントまたは**正接**という})$$

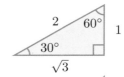

正弦, 余弦, 正接をまとめて**三角比**という.

30°, 45°, 60° の三角比は覚えておこう.

> 例題 3.1. $A = 30°, 45°, 60°$ について $\sin A, \cos A, \tan A$ を求めよ.

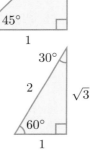

解答：$\sin 30° = \dfrac{1}{2}$, $\cos 30° = \dfrac{\sqrt{3}}{2}$, $\tan 30° = \dfrac{1}{\sqrt{3}}$, $\sin 45° = \dfrac{1}{\sqrt{2}}$,

$\cos 45° = \dfrac{1}{\sqrt{2}}$, $\tan 45° = 1$, $\sin 60° = \dfrac{\sqrt{3}}{2}$, $\cos 60° = \dfrac{1}{2}$, $\tan 60° = \sqrt{3}$

3.2　弧度法

角の大きさの表し方に弧度法という方法がある.「度（°）」は直角の 1/90 を単位 1° とする**度数法**によるものである. それに対し**弧度法**とは半径 1, 弧の長さが 1 の扇形の中心角の大きさを単位 1 rad （ 1 ラジアン）とするものである. 数学においては弧度法がよく用いられる.

---

* 角 A の大きさを**角度**といい, A と書く.
† 2 つの直角三角形は, 1 つの鋭角が等しければ相似で, 相似であれば対応する 2 辺の長さの比はすべて等しい.

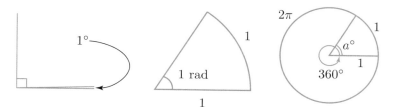

例題 3.2. 1 rad を度数法で表せ（π は 3.14 として，四捨五入して小数第 2 位まで求めよ）.

解答： 1 rad $= a°$ とおくと，弧の長さは中心角の大きさに比例するので $1 : 2\pi = a : 360$.
したがって，$a = \dfrac{360}{2\pi} \fallingdotseq \dfrac{360}{6.28} = 57.3248\cdots$ だから 1 rad $\fallingdotseq 57.32°$.

以降，単位「ラジアン（rad）」は省略する.

例題 3.3. 次の角を弧度法で表せ. $0°$ $45°$ $90°$ $150°$ $180°$ $210°$ $270°$ $330°$ $360°$

解説： 円を使って見てみる. $0°$ は 0, $360°$ は 1 周して 2π に対応する. これら以外の点について，円を 12 等分および 8 等分した下の左右の図をそれぞれ見てみる.

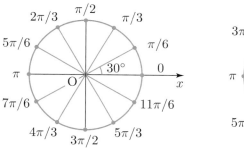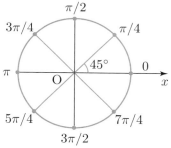

　左の図は点 $(1,0)$ を基準に円周を 12 等分したものだから，各点は順に反時計回りに
$30°, 60°, 90°, 120°, 150°, 180°, 210°, 240°, 270°, 300°, 330°$ に対応している. したがって，
それぞれ順に $\dfrac{2\pi}{12} = \dfrac{\pi}{6}$, $\dfrac{2}{6}\pi$, $\dfrac{3}{6}\pi$, $\dfrac{4}{6}\pi$, $\dfrac{5}{6}\pi$, $\dfrac{6}{6}\pi$, $\dfrac{7}{6}\pi$, $\dfrac{8}{6}\pi$, $\dfrac{9}{6}\pi$, $\dfrac{10}{6}\pi$, $\dfrac{11}{6}\pi$,
すなわち $\dfrac{\pi}{6}$, $\dfrac{\pi}{3}$, $\dfrac{\pi}{2}$, $\dfrac{2}{3}\pi$, $\dfrac{5}{6}\pi$, π, $\dfrac{7}{6}\pi$, $\dfrac{4}{3}\pi$, $\dfrac{3}{2}\pi$, $\dfrac{5}{3}\pi$, $\dfrac{11}{6}\pi$ に対応する.

　また右の図は点 $(1,0)$ を基準に円周を 8 等分したしたものだから，各点は順に反時計回りに
$45°, 90°, 135°, 180°, 225°, 270°, 315°$ に対応している. したがって，それぞれ順に
$\dfrac{2\pi}{8} = \dfrac{\pi}{4}$, $\dfrac{2}{4}\pi$, $\dfrac{3}{4}\pi$, $\dfrac{4}{4}\pi$, $\dfrac{5}{4}\pi$, $\dfrac{6}{4}\pi$, $\dfrac{7}{4}\pi$, すなわち $\dfrac{\pi}{4}$, $\dfrac{\pi}{2}$, $\dfrac{3}{4}\pi$, π, $\dfrac{5}{4}\pi$, $\dfrac{3}{2}\pi$, $\dfrac{7}{4}\pi$ に
対応する. よって答えは $0, \dfrac{\pi}{4}, \dfrac{\pi}{2}, \dfrac{5}{6}\pi, \pi, \dfrac{7}{6}\pi, \dfrac{3}{2}\pi, \dfrac{11}{6}\pi, 2\pi$.

3.3　一般角

　　角を，扇形の中心角の大きさではなく，半直線の回転の量ととらえて
角の考え方を広げてみる．つまり点 O を固定して，図のように
半直線 OP を最初の位置（OX）から回転させる．このとき
半直線 OP を**動径**という．動径 OP の回転角に

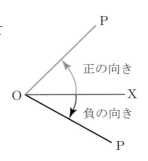

　　　　反時計回りを**正の向き**，時計回りを**負の向き**

と符号を定めることで，角の考え方を実数全体に拡張する．

　　たとえば負の向きに $\dfrac{\pi}{3}$ 回転したときこの回転した角を $-\dfrac{\pi}{3}$ と表す．
また，正の向きに $2\pi = \dfrac{12}{6}\pi$ 回転した後，さらに $\dfrac{\pi}{6}$ 回転した角は
$\dfrac{13}{6}\pi$ と表す．このように，負の角や 2π よりも大きい角にまで
意味を広げて考えた角を**一般角**という．

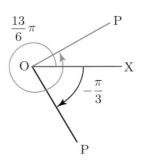

2π 回転させると元の位置に戻るので，以下の角に対応する動径は
皆同じ位置にある．$\alpha,\ \alpha + 2\pi,\ \alpha + 4\pi,\ \alpha + 6\pi,\ \cdots$

$$\alpha - 2\pi,\ \alpha - 4\pi,\ \alpha - 6\pi,\ \cdots$$

つまり1つの動径に対応する一般角は無数にある：$\theta = \alpha + 2m\pi$ （m は整数）

例題 3.4. 角に対応する動径が同じものに分類せよ．　$\dfrac{\pi}{3}$　$\dfrac{2}{3}\pi$　$\dfrac{7}{3}\pi$　$\dfrac{14}{3}\pi$　$-\dfrac{11}{3}\pi$　$-\dfrac{4}{3}\pi$

解答：$\dfrac{7}{3}\pi = \dfrac{\pi}{3} + 2\pi$, $\dfrac{14}{3}\pi = \dfrac{2}{3}\pi + 2\cdot 2\pi$, $-\dfrac{11}{3}\pi = \dfrac{\pi}{3} - 2\cdot 2\pi$, $-\dfrac{4}{3}\pi = \dfrac{2}{3}\pi - 2\pi$ より
$\left\{\dfrac{\pi}{3},\ \dfrac{7}{3}\pi,\ -\dfrac{11}{3}\pi\right\}$ と $\left\{\dfrac{2}{3}\pi,\ \dfrac{14}{3}\pi,\ -\dfrac{4}{3}\pi\right\}$.

3.4　三角関数

　　ここで原点 O を中心とする半径 1 の円 C を考える（このような円を**単位円**と呼ぶ）．原点 O
について x 軸の正の部分から動径 OP を角 θ だけ回転させたとき，動径 OP と円 C との交点
の x 座標 X を $\cos\theta$，y 座標 Y を $\sin\theta$，さらに $\dfrac{\sin\theta}{\cos\theta} = \dfrac{Y}{X}$ を $\tan\theta$ とする．これらをまとめ
て**三角関数**という．角が $0 < \theta < \dfrac{\pi}{2}$ であるとき 3.1 節で学んだ三角比と同じである．

$$\cos\theta = X \quad \sin\theta = Y \quad \tan\theta = \dfrac{\sin\theta}{\cos\theta} = \dfrac{Y}{X}$$

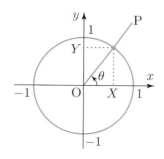 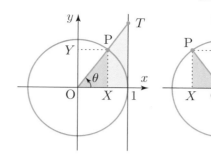

また上右図の単位円において，動径 OP と直線 $x=1$ との交点を $T(1,t)$ とすれば 2 つの直角三角形が相似であることから $\tan\theta = \dfrac{Y}{X} = \dfrac{t}{1} = t$ なので，T の座標は $(1, \tan\theta)$ である.

例題 3.5. 次の三角関数の値を求め，表を完成せよ．値がない場合は斜線を引くこと.

θ	$-\pi/2$	$-\pi/3$	$\pi/4$	$5\pi/6$	$5\pi/4$
$\sin\theta$					
$\cos\theta$					
$\tan\theta$					

解答：　次のようになる.

$\tan\theta$ については

$\tan\theta = \dfrac{\sin\theta}{\cos\theta}$ より

$\cos\theta = 0$，すなわち

$\theta = -\dfrac{\pi}{2}$ の場合は値がない.

θ	$-\pi/2$	$-\pi/3$	$\pi/4$	$5\pi/6$	$5\pi/4$
$\sin\theta$	-1	$-\sqrt{3}/2$	$1/\sqrt{2}$	$1/2$	$-1/\sqrt{2}$
$\cos\theta$	0	$1/2$	$1/\sqrt{2}$	$-\sqrt{3}/2$	$-1/\sqrt{2}$
$\tan\theta$		$-\sqrt{3}$	1	$-1/\sqrt{3}$	1

例題 3.6. 次の値を小さいものから順に不等号を用いて表せ（π は 3.14 として計算してよい）.

$$\sin 1,\quad \sin 4,\quad \sin\frac{\pi}{4},\quad \sin\frac{\pi}{3},\quad \sin\frac{5}{4}\pi,\quad \sin\frac{4}{3}\pi$$

解説：π は 3.14 として $\dfrac{\pi}{4}, \dfrac{\pi}{3}, \dfrac{5}{4}\pi, \dfrac{4}{3}\pi$ を小数第 2 位まで

求めると $\dfrac{\pi}{4} \fallingdotseq 0.78,\ \dfrac{\pi}{3} \fallingdotseq 1.04,\ \dfrac{5}{4}\pi \fallingdotseq 3.92,\ \dfrac{4}{3}\pi \fallingdotseq 4.18$ より

$\dfrac{\pi}{4} < 1 < \dfrac{\pi}{3} < \dfrac{5}{4}\pi < 4 < \dfrac{4}{3}\pi$ となる．そこで 19 ページの

例題 3.3 の解説の図を参考に点 $(1,0)$ からの円弧の長さが

$\dfrac{\pi}{4}, 1, \dfrac{\pi}{3}, \dfrac{5}{4}\pi, 4, \dfrac{4}{3}\pi$ である点を半径 1 の円周上に描くと

右上のようになる．よって図から $\sin\dfrac{4}{3}\pi < \sin 4 < \sin\dfrac{5}{4}\pi < \sin\dfrac{\pi}{4} < \sin 1 < \sin\dfrac{\pi}{3}$ となる.

3.5　三角関数を含む方程式・不等式

> 例題 3.7. $0 \leqq \theta \leqq \pi$ のとき，次の方程式および不等式を解け．
>
> (1) $\sin \theta = \dfrac{1}{2}$　　　(2) $\sin \theta < \dfrac{1}{2}$　　　(3) $\tan \theta = \sqrt{3}$　　　(4) $\tan \theta < \sqrt{3}$

解説： (1) 単位円周上には y 座標が $\dfrac{1}{2}$ である点は2つある．1つ

は $\left(\dfrac{\sqrt{3}}{2}, \dfrac{1}{2} \right)$ で，これに対応する一般角は $\dfrac{\pi}{6} + 2m\pi$（m は整数）

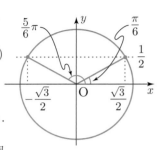

である．もう1つは $\left(-\dfrac{\sqrt{3}}{2}, \dfrac{1}{2} \right)$ で，これに対応する一般角は

$\dfrac{5}{6}\pi + 2m\pi$ である．しかし $0 \leqq \theta \leqq \pi$ だから $\theta = \dfrac{\pi}{6},\ \dfrac{5}{6}\pi$ である．

(2) 右上図の単位円周上において，$0 \leqq \theta \leqq \pi$ で $y < \dfrac{1}{2}$ となる範囲

だから $0 \leqq \theta < \dfrac{\pi}{6},\ \dfrac{5}{6}\pi < \theta \leqq \pi$.

(3) 点 $\mathrm{T}(1, \sqrt{3})$ をとり，直線 OT と単位円との交点を右図のように点

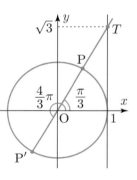

P, P' とする．動径 $\mathrm{OP}, \mathrm{OP}'$ に対応する一般角はそれぞれ $\dfrac{\pi}{3} + 2m\pi$,

$\dfrac{4}{3}\pi + 2m\pi$ であるが，今 $0 \leqq \theta \leqq \pi$ だから $\theta = \dfrac{\pi}{3}$ である．

(4) 右図において，$0 \leqq \theta \leqq \pi$ に対応する動径が直線 $x = 1$ と

$y < \sqrt{3}$ の部分で交わる範囲だから $0 \leqq \theta < \dfrac{\pi}{3},\ \dfrac{\pi}{2} < \theta \leqq \pi$.

> 例題 3.8. 次の方程式を解け．ただし，θ は括弧内に与えられた範囲にあるとする．
>
> (1) $\sin \theta = -\dfrac{\sqrt{3}}{2}$　$\left(-\dfrac{\pi}{2} \leqq \theta \leqq \dfrac{\pi}{2} \right)$　　　(2) $\sin \theta = \dfrac{1}{2}$　　$\left(\dfrac{\pi}{2} \leqq \theta \leqq \dfrac{3}{2}\pi \right)$
>
> (3) $\cos \theta = \dfrac{1}{\sqrt{2}}$　　$(0 \leqq \theta \leqq \pi)$　　　(4) $\cos \theta = -\dfrac{1}{2}$　　$(\pi \leqq \theta \leqq 2\pi)$
>
> (5) $\tan \theta = -1$　$\left(-\dfrac{\pi}{2} < \theta < \dfrac{\pi}{2} \right)$　　　(6) $\tan \theta = \dfrac{1}{\sqrt{3}}$　$\left(\dfrac{\pi}{2} < \theta < \dfrac{3}{2}\pi \right)$

解答： (1) $\theta = -\dfrac{\pi}{3}$　(2) $\theta = \dfrac{5}{6}\pi$　(3) $\theta = \dfrac{\pi}{4}$　(4) $\theta = \dfrac{4}{3}\pi$　(5) $\theta = -\dfrac{\pi}{4}$　(6) $\theta = \dfrac{7}{6}\pi$

3.6　三角関数の性質

$\sin \theta,\ \cos \theta$ とも半径 1 の円周上の点の座標なので次のことが成り立つ．

ここで自然数 n に対して $\sin^n \theta = (\sin \theta)^n$ と定める．$\cos^n \theta,\ \tan^n \theta$ についても同様である．

> [三角関数の性質1]　$-1 \leqq \sin \theta \leqq 1$　　$-1 \leqq \cos \theta \leqq 1$　　$\sin^2 \theta + \cos^2 \theta = 1$

角 θ に対応する動径と，それをさらに 1 周させた角 $\theta + 2\pi$ に対応する動径は一致するので，これら 2 角の三角関数の値は一致する．また，角 θ に対応する円周上の点を x 軸に関して対称移動すると x 座標（コサイン）は変わらずに（$\cos(-\theta) = \cos\theta$）$y$ 座標（サイン）は符号が逆になる（$\sin(-\theta) = -\sin\theta$）．よって，$\tan(-\theta) = \dfrac{\sin(-\theta)}{\cos(-\theta)} = \dfrac{-\sin\theta}{\cos\theta} = -\tan\theta$ だから次を得る．

$$
\begin{array}{lll}
\text{[三角関数の性質 2]} & \sin(\theta + 2m\pi) = \sin\theta & \sin(-\theta) = -\sin\theta \\
& \cos(\theta + 2m\pi) = \cos\theta \quad (m \text{ は整数}) & \cos(-\theta) = \cos\theta \\
& \tan(\theta + 2m\pi) = \tan\theta & \tan(-\theta) = -\tan\theta
\end{array}
$$

例題 3.9. 次の値を求めよ． (1) $\sin\dfrac{17}{4}\pi$ (2) $\cos\left(-\dfrac{\pi}{3}\right)$ (3) $\tan\left(-\dfrac{7}{4}\pi\right)$

解答： $\dfrac{17}{4}\pi = \dfrac{\pi}{4} + 2\cdot 2\pi,\ -\dfrac{7}{4}\pi = \dfrac{\pi}{4} - 2\pi$ より

(1) $\sin\dfrac{17}{4}\pi = \sin\dfrac{\pi}{4} = \dfrac{1}{\sqrt{2}}$ (2) $\cos\left(-\dfrac{\pi}{3}\right) = \cos\dfrac{\pi}{3} = \dfrac{1}{2}$ (3) $\tan\left(-\dfrac{7}{4}\pi\right) = \tan\dfrac{\pi}{4} = 1$

例題 3.10. 次の等式を示せ． (1) $\dfrac{\cos\theta}{1+\sin\theta} + \dfrac{\cos\theta}{1-\sin\theta} = \dfrac{2}{\cos\theta}$ (2) $1 + \dfrac{1}{\tan^2\theta} = \dfrac{1}{\sin^2\theta}$

解答： (1) $\dfrac{\cos\theta}{1+\sin\theta}\cdot\dfrac{1-\sin\theta}{1-\sin\theta} + \dfrac{\cos\theta}{1-\sin\theta}\cdot\dfrac{1+\sin\theta}{1+\sin\theta} = \dfrac{2\cos\theta}{1-\sin^2\theta} = \dfrac{2\cos\theta}{\cos^2\theta} = \dfrac{2}{\cos\theta}$

(2) $1 + \dfrac{1}{\tan^2\theta} = 1 + \dfrac{\cos^2\theta}{\sin^2\theta} = \dfrac{\sin^2\theta}{\sin^2\theta} + \dfrac{\cos^2\theta}{\sin^2\theta} = \dfrac{\sin^2\theta + \cos^2\theta}{\sin^2\theta} = \dfrac{1}{\sin^2\theta}$

ところで数学において，角の大きさを表すのに弧度法が用いられる理由の 1 つとして，微分との相性のよさが挙げられる．弧度法を用いた三角関数では $\sin x$ を微分すると $\cos x$ であるが，度数法を用いた三角関数では $\sin x$ を微分すると $\dfrac{\pi}{180}\cos x$ となる．また，ここで変数に x を用いたのは関数であることを強調したいからで，本書では変数が角度であることを強調したいときには θ を用いている．

練習問題 3

A3.1　$AB = 1, C = 90°$ である直角三角形 ABC について，A が次の場合にそれぞれ AC および BC を求めよ． (1) $A = 30°$ (2) $A = 45°$ (3) $A = 60°$

A3.2　$AC = 1, C = 90°$ である直角三角形 ABC について，A が次の場合にそれぞれ AB および BC を求めよ． (1) $A = 30°$ (2) $A = 60°$

A3.3 次の角を弧度法で表せ. 30° 60° 120° 135° 180° 225° 240° 300° 315°

A3.4 角に対応する動径が同じものに分類せよ. $\dfrac{\pi}{4}$ $\dfrac{3}{4}\pi$ $\dfrac{11}{4}\pi$ $\dfrac{17}{4}\pi$ $-\dfrac{13}{4}\pi$ $-\dfrac{7}{4}\pi$

A3.5 次の角を度数法で表せ. 0 $\dfrac{\pi}{4}$ $\dfrac{\pi}{2}$ $\dfrac{5}{6}\pi$ π $\dfrac{7}{6}\pi$ $\dfrac{3}{2}\pi$ $\dfrac{11}{6}\pi$ 2π

A3.6 次の三角関数の値を求め, 表を完成せよ. 値がない場合は斜線を引くこと.

θ	$-\pi$	$-\dfrac{\pi}{4}$	$\dfrac{\pi}{6}$	$\dfrac{\pi}{2}$	$\dfrac{2}{3}\pi$	$\dfrac{3}{4}\pi$	$\dfrac{7}{6}\pi$	$\dfrac{4}{3}\pi$	$\dfrac{3}{2}\pi$	$\dfrac{11}{6}\pi$
$\sin\theta$										
$\cos\theta$										
$\tan\theta$										

A3.7 次のうち値の大きい方はどちらか (単位円周上に, 根拠とした角を示すこと).

(1) $\cos 5$, $\cos 4$ (2) $\cos 3$, $\cos\dfrac{\pi}{3}$ (3) $\cos 2$, $\cos\dfrac{2}{3}\pi$

(4) $\sin 1$, $\sin\dfrac{\pi}{2}$ (5) $\sin 3$, $\sin\pi$ (6) $\sin 6$, $\sin\dfrac{11}{6}\pi$

A3.8 $0 \leqq \theta < 2\pi$ のとき, 次の方程式および不等式を解け.

(1) $\sin\theta = -\dfrac{1}{\sqrt{2}}$ (2) $\cos\theta = -\dfrac{\sqrt{3}}{2}$ (3) $\tan\theta = -\dfrac{1}{\sqrt{3}}$

(4) $\sin\theta > \dfrac{\sqrt{3}}{2}$ (5) $\cos\theta < -\dfrac{1}{\sqrt{2}}$ (6) $\tan\theta > 1$

A3.9 次の方程式を解け. ただし, θ は括弧内に与えられた範囲にあるとする.

(1) $\sin\theta = \dfrac{1}{\sqrt{2}}$ $\left(-\dfrac{\pi}{2} \leqq \theta \leqq \dfrac{\pi}{2}\right)$ (2) $\sin\theta = -\dfrac{\sqrt{3}}{2}$ $\left(\dfrac{\pi}{2} \leqq \theta \leqq \dfrac{3}{2}\pi\right)$

(3) $\cos\theta = -\dfrac{1}{2}$ $(0 \leqq \theta \leqq \pi)$ (4) $\cos\theta = -\dfrac{1}{\sqrt{2}}$ $(-\pi \leqq \theta \leqq 0)$

(5) $\tan\theta = -\sqrt{3}$ $\left(-\dfrac{\pi}{2} < \theta < \dfrac{\pi}{2}\right)$ (6) $\tan\theta = -\dfrac{1}{\sqrt{3}}$ $\left(\dfrac{\pi}{2} < \theta < \dfrac{3}{2}\pi\right)$

A3.10 次の値を求めよ.   (1) $\sin\dfrac{5}{2}\pi$ (2) $\cos\dfrac{7}{6}\pi$ (3) $\tan\dfrac{17}{4}\pi$ (4) $\sin\left(-\dfrac{23}{3}\pi\right)$

A3.11 次の等式を示せ.

(1) $1 + \tan^2\theta = \dfrac{1}{\cos^2\theta}$ (2) $\dfrac{\cos\theta}{1-\sin\theta} + \dfrac{1-\sin\theta}{\cos\theta} = \dfrac{2}{\cos\theta}$

(3) $\dfrac{1+\cos\theta}{1+\sin\theta} - \dfrac{1-\cos\theta}{1-\sin\theta} = \dfrac{2(1-\tan\theta)}{\cos\theta}$

B3.1   次の図において AP の長さ x を θ の三角関数と a を用いて表せ.

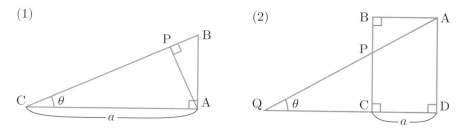

(1)

(2)

B3.2 $\theta \text{ rad} = a°$ であるとき θ を a で表せ. また a を θ で表せ.

C3.1   地球を, 半径が 6400 [km] の完全な球形で, 自転によってちょうど 24 時間で 1 回転
する と 仮定する. このとき, 次の問いに答えよ.

  (1) 赤道上の地点では, 地球の自転による速さは何 [km/時] であるか.
       ただし, 円周率は 3.14 とし, 小数第 1 位を四捨五入して求めよ.

  (2) 地球の自転による速さが (1) で求めた速さのちょうど半分であるような
       北半球の地点はどこか. その地点の北緯を求めよ.

C3.2   列車などが急な斜面を登るとき, 斜めやジグザグに登ることによって傾斜を緩やかに
する方法がよくとられる. 30 度の傾斜角をもつ斜面を図の矢印のような経路で登る
とする. 登るときの傾斜角を θ とするとき, $\tan\theta$ の値を求めよ.

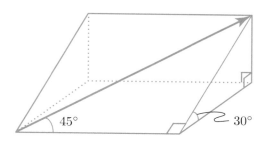

C3.3   ある塔があり, 地上の地点 A から塔の先端を見ると, 地平線とのなす角は 30° であった.
地点 A から塔に 100 [m] 近づいた場所を地点 B とする. 地点 B から塔の先端を見ると,
地平線とのなす角は 45° であった. このとき, 塔の高さはおよそ何 [m] か.
小数第 1 位を四捨五入して求めよ.

第4章　三角関数2

4.1　加法定理

次の加法定理は重要である（下図も参照するとよい）．

> [加法定理]　　$\sin(p+q) = \sin p \cdot \cos q + \cos p \cdot \sin q$
>
> $\cos(p+q) = \cos p \cdot \cos q - \sin p \cdot \sin q$

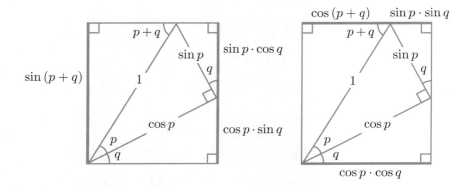

例題 4.1. 加法定理を使って次の値を計算せよ．

(1) $\sin \dfrac{7}{12}\pi$　　　(2) $\cos \dfrac{7}{12}\pi$　　　(3) $\sin(p+\pi)$　　　(4) $\cos(p+\pi)$

解答：(1)(2) $\dfrac{7\pi}{12} = \dfrac{(3+4)\pi}{12} = \dfrac{3\pi}{12} + \dfrac{4\pi}{12} = \dfrac{\pi}{4} + \dfrac{\pi}{3}$ より次のようになる．

$$\sin \frac{7}{12}\pi = \sin \frac{\pi}{4} \cdot \cos \frac{\pi}{3} + \cos \frac{\pi}{4} \cdot \sin \frac{\pi}{3} = \frac{\sqrt{2}}{2} \cdot \frac{1}{2} + \frac{\sqrt{2}}{2} \cdot \frac{\sqrt{3}}{2} = \frac{\sqrt{2}+\sqrt{6}}{4}$$

$$\cos \frac{7}{12}\pi = \cos \frac{\pi}{4} \cdot \cos \frac{\pi}{3} - \sin \frac{\pi}{4} \cdot \sin \frac{\pi}{3} = \frac{\sqrt{2}}{2} \cdot \frac{1}{2} - \frac{\sqrt{2}}{2} \cdot \frac{\sqrt{3}}{2} = \frac{\sqrt{2}-\sqrt{6}}{4}$$

(3) $\sin(p+\pi) = \sin p \cdot \cos \pi + \cos p \cdot \sin \pi = \sin p \cdot (-1) + \cos p \cdot 0 = -\sin p$

(4) $\cos(p+\pi) = \cos p \cdot \cos \pi - \sin p \cdot \sin \pi = \cos p \cdot (-1) - \sin p \cdot 0 = -\cos p$

例題 4.2. $\sin(p-q)$ を $\sin p, \sin q, \cos p, \cos q$ で，$\tan(p+q)$ を $\tan p, \tan q$ で表せ．

解答：　加法定理と [三角関数の性質 2] より次のようになる．

26

$$\sin(p-q) = \sin(p+(-q)) = \sin p \cdot \cos(-q) + \cos p \cdot \sin(-q) = \sin p \cdot \cos q - \cos p \cdot \sin q$$

$$\tan(p+q) = \frac{\sin(p+q)}{\cos(p+q)} = \frac{\sin p \cdot \cos q + \cos p \cdot \sin q}{\cos p \cdot \cos q - \sin p \cdot \sin q} = \frac{\tan p + \tan q}{1 - \tan p \cdot \tan q}$$

最後の等号は分母・分子を $\cos p \cdot \cos q$ で割ることで得られる.

4.2　倍角公式

加法定理において, $p = q = \alpha$ とおくと, 次の式を得る.

> [倍角公式 1]　　　$\sin 2\alpha = 2 \sin \alpha \cdot \cos \alpha$
>
> 　　　　　　　　　$\cos 2\alpha = \cos^2 \alpha - \sin^2 \alpha$

例題 4.3. 次の値をそれぞれ [ ] 内に示された値を用いて表せ.

　　(1) $\cos 2\alpha$　　$[\cos \alpha]$　　　(2) $\cos 2\alpha$　　$[\sin \alpha]$　　　(3) $\tan 2\alpha$　　$[\tan \alpha]$

解答: (1) $\sin^2 \alpha + \cos^2 \alpha = 1$ （[三角関数の性質 1]）を用いれば $\sin^2 \alpha = 1 - \cos^2 \alpha$ だから $\cos 2\alpha = \cos^2 \alpha - (1 - \cos^2 \alpha) = 2 \cos^2 \alpha - 1$.

(2) (1) と同様に, $\cos 2\alpha = (1 - \sin^2 \alpha) - \sin^2 \alpha = 1 - 2 \sin^2 \alpha$.

(3) 例題 4.2 で得た式において $p = q = \alpha$ とおいて $\tan 2\alpha = \dfrac{\tan \alpha + \tan \alpha}{1 - \tan \alpha \cdot \tan \alpha} = \dfrac{2 \tan \alpha}{1 - \tan^2 \alpha}$.

上の例題より次の式を得る.

> [倍角公式 2]　　　$\cos 2\alpha = 2 \cos^2 \alpha - 1$
>
> 　　　　　　　　　$\cos 2\alpha = 1 - 2 \sin^2 \alpha$

例題 4.4. 上の倍角公式 2 を用いて, 次の値を $\cos \alpha$ を用いて表せ.

　　(1) $\sin^2 \dfrac{\alpha}{2}$　　(2) $\cos^2 \dfrac{\alpha}{2}$

解答: (1) 倍角公式 2 より $\cos \alpha = 1 - 2 \sin^2 \dfrac{\alpha}{2}$ だから $\sin^2 \dfrac{\alpha}{2} = \dfrac{1 - \cos \alpha}{2}$.

(2) 同様に $\cos \alpha = 2 \cos^2 \dfrac{\alpha}{2} - 1$ より $\cos^2 \dfrac{\alpha}{2} = \dfrac{1 + \cos \alpha}{2}$.

例題 4.4 より次の式を得る.

> [半角公式]　　　$\sin^2 \dfrac{\alpha}{2} = \dfrac{1 - \cos \alpha}{2}$
>
> 　　　　　　　　$\cos^2 \dfrac{\alpha}{2} = \dfrac{1 + \cos \alpha}{2}$

例題 4.5. $\tan\theta = \dfrac{3}{4}$ $\left(0 < \theta < \dfrac{\pi}{2}\right)$ のとき, 次の値を求めよ.

(1) $\sin\theta, \cos\theta$　　(2) $\sin 2\theta, \cos 2\theta$　　(3) $\sin\dfrac{\theta}{2}, \cos\dfrac{\theta}{2}$

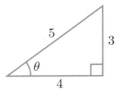

解答: (1) 右図より $\sin\theta = \dfrac{3}{5}$,　$\cos\theta = \dfrac{4}{5}$.

(2) $\sin 2\theta = 2\sin\theta\cos\theta = 2\cdot\dfrac{3}{5}\cdot\dfrac{4}{5} = \dfrac{24}{25}$,　$\cos 2\theta = \cos^2\theta - \sin^2\theta = \dfrac{16}{25} - \dfrac{9}{25} = \dfrac{7}{25}$.

(3) $0 < \theta < \dfrac{\pi}{2}$ だから $\sin\dfrac{\theta}{2} > 0, \cos\dfrac{\theta}{2} > 0$ なので

$$\sin^2\dfrac{\theta}{2} = \dfrac{1-\cos\theta}{2} = \dfrac{1}{2}\left(1-\dfrac{4}{5}\right) = \dfrac{1}{10} \text{ より } \sin\dfrac{\theta}{2} = \dfrac{1}{\sqrt{10}},$$

$$\cos^2\dfrac{\theta}{2} = \dfrac{1+\cos\theta}{2} = \dfrac{1}{2}\left(1+\dfrac{4}{5}\right) = \dfrac{9}{10} \text{ より } \cos\dfrac{\theta}{2} = \dfrac{3}{\sqrt{10}}.$$

4.3　三角関数の合成

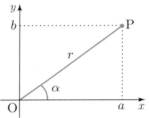

　$y = a\sin x + b\cos x$ という関数に対して xy 平面上の点 P(a,b) をとり, 動径 OP に対応する角を α とする. OP の長さを r とすると加法定理より次のように変形される.

$$a\sin x + b\cos x = r\left(\dfrac{a}{r}\cdot\sin x + \dfrac{b}{r}\cdot\cos x\right) = r(\cos\alpha\cdot\sin x + \sin\alpha\cdot\cos x) = r\sin(x+\alpha)$$

このように $a\sin x + b\cos x$ を $r\sin(x+\alpha)$ の形に変形することを**三角関数の合成**という[*].
$r = \sqrt{a^2+b^2}$ だから次のようにまとめられる.

$$a\sin x + b\cos x = \sqrt{a^2+b^2}\,\sin(x+\alpha) \quad \text{ただし}\quad \cos\alpha = \dfrac{a}{\sqrt{a^2+b^2}}\quad \sin\alpha = \dfrac{b}{\sqrt{a^2+b^2}}$$

例題 4.6. $y = \sqrt{3}\sin x + \cos x$ を $y = r\sin(x+\alpha)$ の形に変形せよ.
　　　ただし, $r > 0, -\pi \leqq \alpha < \pi$ とする.

解説: 三角関数の合成により $\sqrt{3}\sin x + \cos x = \sqrt{(\sqrt{3})^2 + 1^2}\,\sin(x+\alpha) = 2\sin(x+\alpha)$.
α は $\cos\alpha = \dfrac{\sqrt{3}}{2}, \sin\alpha = \dfrac{1}{2}$ となる角だから $\alpha = \dfrac{\pi}{6}$. したがって, $y = 2\sin\left(x+\dfrac{\pi}{6}\right)$.

---

[*] 1.6 節の合成関数と混同しないこと.

4.4 加法定理の応用

例題 4.7. 次の等式を示せ. (1) $\sin p \cdot \cos q = \dfrac{1}{2}\{\sin(p+q)+\sin(p-q)\}$

(2) $\sin p + \sin q = 2\sin\dfrac{p+q}{2}\cdot\cos\dfrac{p-q}{2}$

解説: どちらも加法定理から得られる式である.

$\sin(p+q) = \sin p \cdot \cos q + \cos p \cdot \sin q \cdots$ [1] $\cos(p+q) = \cos p \cdot \cos q - \sin p \cdot \sin q \cdots$ [3]

$\sin(p-q) = \sin p \cdot \cos q - \cos p \cdot \sin q \cdots$ [2] $\cos(p-q) = \cos p \cdot \cos q + \sin p \cdot \sin q \cdots$ [4]

式 [1], [2] の両辺を加えて 2 で割ると

(1) が得られる. なお,

式 [1] から式 [2] を引いて 2 で割ると

　サインの差で表す式が得られ,

式 [3], [4] からも同様にしてコサインの積
をコサインの和に変形する式と, サインの
積をコサインの差に変形する式が得られる.

[積 → 和差の公式]

$$\sin p \cdot \cos q = \frac{1}{2}\{\sin(p+q)+\sin(p-q)\}$$

$$\cos p \cdot \sin q = \frac{1}{2}\{\sin(p+q)-\sin(p-q)\}$$

$$\cos p \cdot \cos q = \frac{1}{2}\{\cos(p+q)+\cos(p-q)\}$$

$$\sin p \cdot \sin q = -\frac{1}{2}\{\cos(p+q)-\cos(p-q)\}$$

ここで $p+q = A$, $p-q = B$ とおくと
$p = \dfrac{A+B}{2}$, $q = \dfrac{A-B}{2}$ だから
右上の 4 つの式の左辺と右辺を入れ替えて
両辺を 2 倍すると, 右のように
和 (または差) を積に変形する式が得られる.
右の 1 つ目の式で A, B をそれぞれ
p, q に置き換えると (2) が得られる.

[和差 → 積の公式]

$$\sin A + \sin B = 2\sin\frac{A+B}{2}\cdot\cos\frac{A-B}{2}$$

$$\sin A - \sin B = 2\cos\frac{A+B}{2}\cdot\sin\frac{A-B}{2}$$

$$\cos A + \cos B = 2\cos\frac{A+B}{2}\cdot\cos\frac{A-B}{2}$$

$$\cos A - \cos B = -2\sin\frac{A+B}{2}\cdot\sin\frac{A-B}{2}$$

4.5 補足

22 ページで述べたように自然数 n に対して $\sin^n x = (\sin x)^n$ である. なお $(\sin x)^{-1} = \dfrac{1}{\sin x}$
などについては次のように表すことがある.

$$(\sin x)^{-1} = \frac{1}{\sin x} = \operatorname{cosec} x \quad (\text{コセカント}) \qquad (\cos x)^{-1} = \frac{1}{\cos x} = \sec x \quad (\text{セカント})$$

$$(\tan x)^{-1} = \frac{1}{\tan x} = \cot x \quad (\text{コタンジェント})$$

練習問題 4

A4.1　次の値を求めよ．　(1) $\sin \dfrac{5}{12}\pi$　(2) $\cos \dfrac{5}{12}\pi$　　$\left[\ \dfrac{5}{12}\pi = \dfrac{(2+3)}{12}\pi\ \right]$

A4.2　次の値をそれぞれ [ ] 内に示された値を用いて表せ．

(1) $\cos(\alpha - \beta)$　$\left[\ \sin\alpha,\ \cos\alpha,\ \sin\beta,\ \cos\beta\ \right]$　(2) $\tan(\alpha - \beta)$　$\left[\ \tan\alpha,\ \tan\beta\ \right]$

A4.3　次の等式を示せ．　(1) $\tan\theta + \dfrac{1}{\tan\theta} = \dfrac{2}{\sin 2\theta}$　(2) $\cos^4\theta - \sin^4\theta = \cos 2\theta$

A4.4　次の等式を示せ．$\tan^2 \dfrac{\alpha}{2} = \dfrac{1 - \cos\alpha}{1 + \cos\alpha}$

A4.5　$\tan\theta = \dfrac{4}{3}\ \left(0 < \theta < \dfrac{\pi}{2}\right)$ のとき，次の値を求めよ．

(1) $\sin\theta,\ \cos\theta$　　(2) $\sin 2\theta,\ \cos 2\theta$　　(3) $\sin\dfrac{\theta}{2},\ \cos\dfrac{\theta}{2}$

A4.6　次の関数を $y = r\sin(x + \alpha)$ の形に変形せよ．ただし，$r > 0,\ -\pi \leqq \alpha < \pi$ とする．

(1) $y = \sin x + \sqrt{3}\cos x$　　(2) $y = \sin x - \sqrt{3}\cos x$　　(3) $y = \sin x + \cos x$

(4) $y = \sin x - \cos x$　　(5) $y = \sqrt{3}\sin x - \cos x$

A4.7　加法定理を用いて次の等式を示せ．

(1) $\cos p \cdot \sin q = \dfrac{1}{2}\{\sin(p + q) - \sin(p - q)\}$

(2) $\cos p + \cos q = 2\cos\dfrac{p + q}{2} \cdot \cos\dfrac{p - q}{2}$

B4.1　次の値を求めよ．　(1) $\sin\dfrac{\pi}{12}$　　(2) $\cos\dfrac{\pi}{12}$　　(3) $\tan\dfrac{\pi}{12}$

B4.2　次の式を計算せよ．　$\sin\theta + \sin\left(\theta + \dfrac{2}{3}\pi\right) + \sin\left(\theta + \dfrac{4}{3}\pi\right)$

B4.3　$3\theta = 2\theta + \theta$ を利用して次の等式を示せ．

(1) $\sin 3\theta = 3\sin\theta - 4\sin^3\theta$　　(2) $\cos 3\theta = -3\cos\theta + 4\cos^3\theta$

B4.4　次の等式が成り立つことを示せ．

(1) $\sin\left(\dfrac{\pi}{2} + \theta\right) = \cos\theta$　(2) $\cos\left(\dfrac{\pi}{2} + \theta\right) = -\sin\theta$　(3) $\tan(\pi + \theta) = \tan\theta$

B4.5 29 ページの和や差を積に変形する公式を用いて，次の等式を示せ.

(1) $\sin (x + h) - \sin x = \; 2 \cos \left(x + \dfrac{h}{2} \right) \cdot \sin \dfrac{h}{2}$

(2) $\cos (x + h) - \cos x = -2 \sin \left(x + \dfrac{h}{2} \right) \cdot \sin \dfrac{h}{2}$

B4.6 次の式を簡単にせよ.

(1) $\cot \theta \cdot \sin \theta$ (2) $\operatorname{cosec} \theta - \cot \theta \cdot \cos \theta$

(3) $\operatorname{cosec} \theta - \sec \theta \cdot \cot \theta$ (4) $\sin^3 \theta \cdot \operatorname{cosec} \theta + \sec \theta \cdot \cos^3 \theta$

C4.1 次の問いに答えよ.

(1) A4.4 の等式を用いて，$\tan 15°$ の値を求めよ.

(2) 下の図のような，底角が $30°$，底辺の長さが 4 [cm] である二等辺三角形を断面に持つ
金属管がある．この金属管の中に断面が円であるケーブルを入れるとき，外径が最大
何 [cm] までのケーブルを入れられるか．小数第 3 位を四捨五入して求めよ.

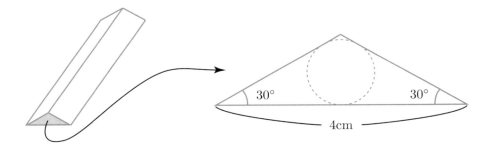

C4.2 次の問いに答えよ.

(1) 三角関数の合成を用いて，$\sin x + \cos x$ を $r \sin (x + \alpha)$ の形にせよ.

(2) (1) の結果を用いて，$\sin \dfrac{\pi}{12} + \cos \dfrac{\pi}{12}$ の値を求めよ.

第5章 三角関数3

5.1 三角関数のグラフ

例題 5.1. $y = \sin x$, $y = \cos x$, $y = \tan x$ のグラフを描き，定義域と値域を答えよ．

解説： 3.3節で角の考え方を実数全体に拡張した．このとき 3.4節の定義から

$y = \sin x$, $y = \cos x$ とも定義域は実数全体で，値域は $-1 \leqq y \leqq 1$ である．一方，

$y = \tan x$ の定義域は $\cos x \neq 0$, すなわち $x \neq \dfrac{\pi}{2} + m\pi$（$m$ は整数）である実数全体で，

値域は実数全体である．またグラフは下図のようになる．

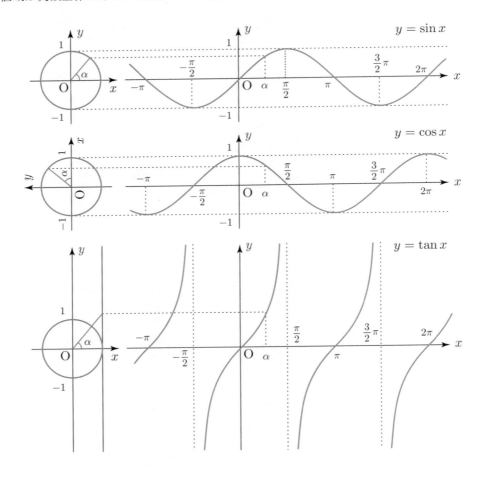

$y=\tan x$ において，x が $\dfrac{\pi}{2}$ より小さい値のまま $\dfrac{\pi}{2}$ に近づけば $\tan x$ の値は限りなく大きくなり，グラフは直線 $x=\dfrac{\pi}{2}$ に限りなく近づいていく．このような直線をグラフの**漸近線**という．同様に直線 $x=\dfrac{\pi}{2}+m\pi$（m は整数）は $y=\tan x$ のグラフの漸近線である．

前ページのグラフからもわかるように関数 $y=\sin x$, $y=\cos x$ のグラフはともに 2π ごとに，$y=\tan x$ のグラフは π ごとに同じ形が繰り返される．一般に，関数 $y=f(x)$ について定数 p $(\neq 0)$ があって，すべての x について $f(x+p)=f(x)$ が成り立つとき，$f(x)$ を p を周期とする**周期関数**という．このとき，$2p$ や $3p$, $-4p$ なども $f(x)$ の周期となるので $f(x)$ の周期は無数にあるが，通常これらのうち最小の正の値を**周期**という．

例題 5.2. 次の関数のグラフを描け．また，その周期を答えよ．(1) $y=2\sin x$ (2) $y=\sin 2x$

解説：(1) $y=2\sin x$ は $x \mapsto \sin x \mapsto 2(\sin x)$ という合成関数で，そのグラフは $y=\sin x$ のグラフを，x 軸をもとにして y 軸方向に 2 倍に拡大したものである．また，その周期は $\sin x$ と同じく 2π である．　(2) $y=\sin 2x$ は $x \mapsto 2x \mapsto \sin(2x)$ という合成関数で，そのグラフは $y=\sin x$ のグラフを，y 軸をもとにして x 軸方向に $\dfrac{1}{2}$ 倍に縮小したものである．また，その周期も $\sin x$ の周期の $\dfrac{1}{2}$ 倍で $\dfrac{2\pi}{2}=\pi$ である．

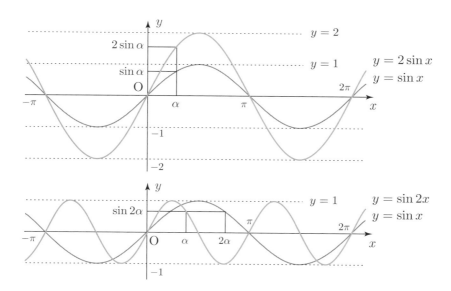

例題 5.3. $y = \sin\left(x + \dfrac{\pi}{2}\right)$ のグラフを描け．また，その周期を答えよ．

解説：$y = \sin x$ のグラフを x 軸方向に $-\dfrac{\pi}{2}$ だけ平行移動
したものである．ところで右の図からもわかるように

$\sin\left(x + \dfrac{\pi}{2}\right) = \cos x$ であるから，これは $y = \cos x$ のグラフ

（32 ページ図参照）である．また，その周期は 2π である．

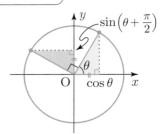

例題 5.4. $y = \sin\left(2x + \dfrac{\pi}{3}\right)$ のグラフを描け．また，その周期を答えよ．

解答：$y = \sin\left(2x + \dfrac{\pi}{3}\right) = \sin 2\left(x + \dfrac{\pi}{6}\right)$ だから，そのグラフは $y = \sin 2x$ のグラフを

x 軸方向に $-\dfrac{\pi}{6}$ だけ平行移動したものなので，次のようになる．また，その周期は

$y = \sin 2x$ と同じく π である（例題 5.2 (2) 参照）．

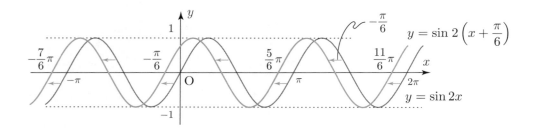

例題 5.5. $y = \sqrt{3}\sin x + \cos x$ のグラフを描け．また，その周期を答えよ．

解説：例題 4.6 により $y = 2\sin\left(x + \dfrac{\pi}{6}\right)$ と変形できる．これは $y = 2\sin x$ を x 軸方向に

$-\dfrac{\pi}{6}$ だけ平行移動したものなので下図のようになる．また，その周期は $y = \sin x$ と同じく

2π である．

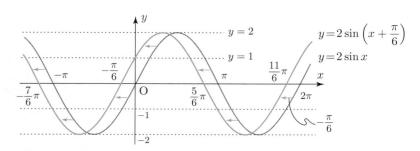

練習問題 5

A5.1 　次の関数のグラフを描け. また, その周期を答えよ.

(1) $y = \sin 3x$ (2) $y = \dfrac{1}{2}\cos x$ (3) $y = \tan 2x$

(4) $y = \sin 3\left(x + \dfrac{\pi}{6}\right)$ (5) $y = \dfrac{1}{2}\cos\left(x - \dfrac{\pi}{8}\right)$ (6) $y = \tan\left(2x + \dfrac{\pi}{2}\right)$

(7) $y = \sin(-x)$ (8) $y = -\cos x$ (9) $y = -\tan(-x)$

A5.2 　次の関数のグラフを描け.

(1) $y = \sin x + \cos x$ (2) $y = \sin x - \cos x$ (3) $y = \sqrt{3}\,\sin x - \cos x$

B5.1 　次の関数のグラフを描け.   (1) $y = -\sin 2\left(x - \dfrac{\pi}{2}\right)$ (2) $y = -\cos\left(-2x - \dfrac{\pi}{2}\right)$

C5.1 　$y = \cos\left(x + \dfrac{\pi}{3}\right)$ のグラフを x 軸方向に α だけ動かすと, $y = \sin\left(x + \dfrac{\pi}{4}\right)$ の

グラフになった. このとき, α の値を求めよ. ただし $0 \leqq \alpha < 2\pi$ とする.

第6章 指数関数

実数 a と自然数 n に対して a^n は a を n 回掛けたものである．このように a をいくつか掛けたものを a の**累乗**，あるいは**べき**といい，n をその**指数**，a を**底**という．今，指数は自然数であるが，これをすべての実数に拡張してみよう．しかしたとえば $a^{\sqrt{2}}$ といっても a を $\sqrt{2}$ 個掛けるわけにはいかない．そこで「a の自然数 n 乗」から n 個掛けるということ以外の特徴を探す．

> 例題 6.1. 次の等式を示せ．　$a^{3+2} = a^3 \cdot a^2, \quad a^{2 \times 3} = (a^2)^3, \quad (a \cdot b)^2 = a^2 \cdot b^2$

解答：$a^{3+2} = a^5 = a \cdot a \cdot a \cdot a \cdot a = (a \cdot a \cdot a) \cdot (a \cdot a) = a^3 \cdot a^2$.

$a^{2 \times 3} = a^6 = a \cdot a \cdot a \cdot a \cdot a \cdot a = a^2 \cdot a^2 \cdot a^2 = (a^2)^3$.

$(a \cdot b)^2 = (a \cdot b) \cdot (a \cdot b) = a \cdot a \cdot b \cdot b = a^2 \cdot b^2$.

同様にどんな自然数 m, n についても $a^{m+n} = a^m \cdot a^n$, $a^{m \cdot n} = (a^m)^n$, $(a \cdot b)^m = a^m \cdot b^m$ が成り立つ（**指数法則**という）．以下，底を 2 として指数法則が成り立つように指数を拡張する．

6.1 整数乗

指数が 0 または負の整数である場合にも累乗を定義する．

0 や負の整数についても指数法則 ◇ が成り立つとすると，$2^2 = 2^{2+0} \overset{\diamond}{=} 2^2 \times 2^0$ より $2^0 = 1$ と定義し，$2^n \times 2^{-n} \overset{\diamond}{=} 2^{n-n} = 2^0 = 1$ より 2^{-n} は 2^n の逆数，すなわち $2^{-n} = \dfrac{1}{2^n}$ と定義すればよい．2 以外の底についても，0 でなければ同様に定義すればよい．

$$a^0 = 1, \quad a^{-n} = \frac{1}{a^n} \qquad a \neq 0, n \text{ は自然数}$$

6.2 有理数乗

次に 2 の有理数乗 2^q を作る．それには $2^{\frac{1}{n}}$ を定めればよい．なぜなら有理数は $\dfrac{m}{n}$ のように分数で表されるので，指数法則 ◇ が成り立てば $2^{\frac{m}{n}} \overset{\diamond}{=} (2^{\frac{1}{n}})^m$ と計算できるからである．そこで $(2^{\frac{1}{n}})^n$ を計算すると $(2^{\frac{1}{n}})^n \overset{\diamond}{=} 2^{\frac{n}{n}} = 2^1 = 2$ より指数法則 ◇ が成り立つためには，$2^{\frac{1}{n}}$ は n 乗すれば 2 になる数と定義すればよい．これは次に説明する 2 の n 乗根である．

まず，$y = x^n$ の逆関数を考える．$y = x^n$ のグラフは，次のように n が偶数か奇数かで異なる．

下図のように n が偶数のときグラフは $y = x^2$ と同様 y 軸に関して対称となり，n が奇数のとき
グラフは原点に関して対称となる．したがって，n が偶数のとき正の実数 a について，n 乗して
a となる実数が 2 つあるので，定義域を $x \geqq 0$ に制限すれば逆関数が考えられる．この逆関数を
$y = \sqrt[n]{x}$ と書く．

　n が奇数のときは図からわかるように，どんな実数 a をもってきても $x^n = a$ となる実数 x が
ただ 1 つ定まり，逆関数が考えられる．この逆関数を $y = \sqrt[n]{x}$ と書く*.

(n が偶数の場合)

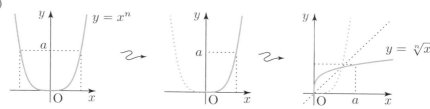

(n が奇数の場合)

　さて，n 乗して実数 a になる数を a の **n 乗根** といい，2 乗根，3 乗根，4 乗根，$\cdots$ を
まとめて **累乗根** という†．2 乗根は平方根であり，通常左肩の 2 は省略する ($\sqrt[2]{a} = \sqrt{a}$).
また，3 乗根は立方根ともいう．

---

(1) n が偶数のとき：$a > 0$ のとき，a の n 乗根は 2 つ存在する．そのうち正のほうが
$$\sqrt[n]{a} \ (負のほうは -\sqrt[n]{a}). \ a < 0 \ のとき，a \ の \ n \ 乗根は存在しない.$$

(2) n が奇数のとき：a の n 乗根は a の正負に関係なくただ 1 つ存在する（$\sqrt[n]{a}$).
$$\sqrt[n]{a} \ の符号は \ a \ の符号と同じ.$$

(3) n が奇数，偶数のいずれであっても $\sqrt[n]{0} = 0$.

そこで $2^{\frac{1}{n}} = \sqrt[n]{2}$ と定義する．2 以外の底についても，有理数乗は次のように定義すればよい．

$$a^{\frac{m}{n}} = (\sqrt[n]{a})^m, \quad a^{-\frac{m}{n}} = \frac{1}{a^{\frac{m}{n}}} \qquad a \ は正の実数，m, n \ は自然数$$

---

* よって $y = \sqrt[n]{x}$ の定義域は，n が偶数のとき $x \geqq 0$ で，n が奇数のとき全実数.
† 本章では，累乗根は実数の範囲で考える.

例題 6.2. 次の値を指数・根号を使わずに表せ. 定義されていない場合は, なしと答えよ.

$(1)\ 2^{-2}$　$(2)\ (-3)^{-2}$　$(3)\ (-\pi)^0$　$(4)\ 0^4$　$(5)\ 0^{-4}$　$(6)\ (-3)^{\frac{1}{2}}$　$(7)\ 8^{\frac{2}{3}}$

解答: $(1)\ \dfrac{1}{2^2}=\dfrac{1}{4}$ $(2)\ \dfrac{1}{(-3)^2}=\dfrac{1}{9}$ $(3)\ 1$ $(4)\ 0$ $(5)\ なし$ $(6)\ なし$ $(7)\ (8^{\frac{1}{3}})^2=2^2=4$

例題 6.3. 次の式を指数を使って a^x の形で表せ.

$(1)\ a^1\cdot a^4$　$(2)\ a^{\frac{1}{2}}\cdot a^{-1}$　$(3)\ (a^3)^5$　$(4)\ \sqrt[3]{a^7}$　$(5)\ \dfrac{a^{-5}}{a^{-3}}$　$(6)\ \dfrac{a^3\cdot a^{-5}}{a^{-4}}$

解答: $(1)\ a^{1+4}=a^5$ $(2)\ a^{\frac{1}{2}-1}=a^{-\frac{1}{2}}$ $(3)\ a^{3\cdot5}=a^{15}$ $(4)\ a^{\frac{7}{3}}$

$(5)\ a^{-5}\cdot a^{-(-3)}=a^{-5+3}=a^{-2}$ $(6)\ a^{3+(-5)}\cdot a^{-(-4)}=a^{-2+4}=a^2$

例題 6.4. 次の式を簡単にし, 指数を使って $a^x b^y$ の形で表せ.

$(1)\ a^2b^3a^4b^5a^6$ $(2)\ a^{\frac{1}{2}}b^{\frac{1}{3}}a^{-\frac{1}{4}}$ $(3)\ (ab^{-1})^{-3}$ $(4)\ \sqrt[3]{ab^2}\cdot\sqrt{ab}\cdot\sqrt[6]{ab^5}$ $(5)\ \dfrac{\sqrt[6]{a^5b}\cdot\sqrt[4]{ab^2}}{\sqrt[12]{ab^{-4}}}$

解答: $(1)\ a^{2+4+6}b^{3+5}=a^{12}b^8$ $(2)\ a^{\frac{1}{2}-\frac{1}{4}}b^{\frac{1}{3}}=a^{\frac{1}{4}}b^{\frac{1}{3}}$ $(3)\ a^{-3}b^{(-1)(-3)}=a^{-3}b^3$

$(4)\ (ab^2)^{\frac{1}{3}}(ab)^{\frac{1}{2}}(ab^5)^{\frac{1}{6}}=a^{\frac{1}{3}}b^{\frac{2}{3}}a^{\frac{1}{2}}b^{\frac{1}{2}}a^{\frac{1}{6}}b^{\frac{5}{6}}=a^{\frac{2+3+1}{6}}b^{\frac{4+3+5}{6}}=ab^2$

$(5)\ (a^5b)^{\frac{1}{6}}(ab^2)^{\frac{1}{4}}(ab^{-4})^{-\frac{1}{12}}=a^{\frac{5}{6}}b^{\frac{1}{6}}a^{\frac{1}{4}}b^{\frac{2}{4}}a^{-\frac{1}{12}}b^{\frac{4}{12}}=a^{\frac{10+3-1}{12}}b^{\frac{2+6+4}{12}}=ab$

例題 6.5. 次の式を簡単にせよ. $(1)\ \left\{\left(\dfrac{4}{9}\right)^{-\frac{2}{3}}\right\}^{\frac{3}{4}}$ $(2)\ \dfrac{\sqrt{8}}{\sqrt[3]{2}}\div\sqrt[6]{16}$ $(3)\ \left(\sqrt[6]{4}-\dfrac{6}{\sqrt[3]{4}}\right)^9$

解答: $(1)\ \left(\dfrac{4}{9}\right)^{-\frac{2}{3}\cdot\frac{3}{4}}=\left(\dfrac{4}{9}\right)^{-\frac{1}{2}}=\left(\dfrac{9}{4}\right)^{\frac{1}{2}}=\dfrac{3}{2}$ $(2)\ 2^{\frac{3}{2}}\cdot2^{-\frac{1}{3}}\cdot2^{-\frac{4}{6}}=2^{\frac{9-2-4}{6}}=2^{\frac{1}{2}}=\sqrt{2}$

$(3)\ \sqrt[6]{4}-\dfrac{6}{\sqrt[3]{4}}=2^{\frac{2}{6}}-3\cdot2\cdot2^{-\frac{2}{3}}=2^{\frac{1}{3}}-3\cdot2^{\frac{1}{3}}=-2\cdot2^{\frac{1}{3}}=-2^{\frac{4}{3}}$ より $\left(-2^{\frac{4}{3}}\right)^9=-2^{12}$

6.3　無理数乗

$2^{\sqrt{2}}$ のような無理数乗はどうしたらよいだろうか. 実は $\sqrt{2}$ は 1.4, 1.41, 1.414,$\cdots$ という有理数の数列の極限‡となっている. そこで $2^{\sqrt{2}}$ を $2^{1.4}$, $2^{1.41}$, $2^{1.414}$,$\cdots$ という数列の極限として定める. このようにして, すべての実数 r について 2^r を定めることができる. また同様にして, すべての正の実数 a とすべての実数 r について a^r を定義することができ, 次の性質が成り立つ.

‡ 実数の列 $a_1, a_2, a_3,\cdots$ を数列といい, n が限りなく大きくなるとき a_n がある値 a に限りなく近づく場合, a をその数列の極限という.

$a, b > 0, \quad p, q:$ 実数　に対して,
$$a^{p+q} = a^p \cdot a^q \quad a^{-p} = \frac{1}{a^p} \quad a^{p-q} = \frac{a^p}{a^q} \quad a^{pq} = (a^p)^q \quad (ab)^p = a^p b^p$$

6.4　指数関数

　ここまでで, 正の実数 a とすべての実数 r について累乗 a^r が定義できた. ここで r を変数 x として $y = a^x$ で表される関数を考えよう. これを a を底とする**指数関数**という. ただし指数関数の場合 a は 1 以外の正の実数とする[‡]. 指数関数についてまとめると次のようになる.

指数関数 $y = a^x$ (a は 1 でない正の実数) の性質

・定義域：実数全体, 値域：正の実数全体.

・グラフは点 $(0,1)$ と点 $(1, a)$ を通り, x 軸が漸近線となる.

・x の値が増加すると　　　$1 < a$　　　のとき $\cdots$ y の値も増加　$(p < q \Leftrightarrow a^p < a^q)$

　　　　　　　　　　　　$0 < a < 1$ のとき $\cdots$ y の値は減少　$(p < q \Leftrightarrow a^p > a^q)$

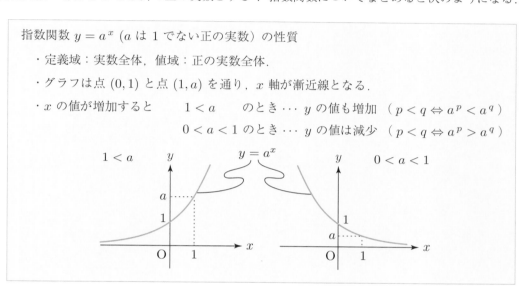

　$a > 1$ のときの $y = a^x$ のように, x の値が増加すると y の値も増加する関数を**増加関数**, $0 < a < 1$ のときの $y = a^x$ のように, x の値が増加すると y の値が減少する関数を**減少関数**という.

例題 6.6. 次の関数のグラフを描け.　(1) $y = 2^x$　(2) $y = \left(\dfrac{1}{2}\right)^x$　$\left(\text{ヒント} : \dfrac{1}{2} = 2^{-1}\right)$

解説：(2) $\left(\dfrac{1}{2}\right)^x = (2^{-1})^x = 2^{-x}$ なので

求めるグラフは $y = 2^x$ のグラフを

y 軸に関して対称移動したものである

(11 ページ参照).

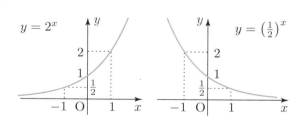

[‡] $a = 1$ だと常に $y = 1^x = 1$ で, 1 以外の底の場合と性質が異なることもあるためか, 指数関数とは呼ばれない.

例題 6.7. 次の値を小さいものから順に不等号を用いて表せ. $2^{\frac{1}{5}}$, $2^{-\frac{1}{5}}$, 2^5, 2^{-5}, 2^1

解答：まず，$-5 < -\dfrac{1}{5} < \dfrac{1}{5} < 1 < 5$ である．次に，底が $2\,(>1)$ だから $y = 2^x$ は増加関数である．したがって，$2^{-5} < 2^{-\frac{1}{5}} < 2^{\frac{1}{5}} < 2^1 < 2^5$.

例題 6.8. 次の方程式および不等式を解け． (1) $3^x = 9$ 　(2) $2^{3x-2} = 128$ 　(3) $3^x < \dfrac{1}{27}$

解答： (1) $9 = 3^2$ だから $3^x = 3^2$. よって $x = 2$. (2) $128 = 2^7$ だから $2^{3x-2} = 2^7$. よって $3x - 2 = 7$ より $x = 3$. (3) $\dfrac{1}{27} = 3^{-3}$ だから $3^x < 3^{-3}$. $y = 3^x$ は増加関数なので $x < -3$.

例題 6.9. 次の方程式および不等式を解け． (1) $3^{2x} - 4 \cdot 3^x + 3 = 0$ 　(2) $9^x - 2 \cdot 3^x - 3 > 0$

解答： (1) $3^{2x} = (3^x)^2$ だから $3^x = t$ とおくと（与式）$\Leftrightarrow t^2 - 4t + 3 = 0 \Leftrightarrow (t-1)(t-3) = 0$. したがって，$t = 1, 3$，すなわち $3^x = 1, 3$. よって $x = 0, 1$.

(2) $9^x = (3^2)^x = 3^{2x}$ だから $3^x = t$ とおくと（与式）$\Leftrightarrow t^2 - 2t - 3 > 0 \Leftrightarrow (t+1)(t-3) > 0$. よって[§] $t < -1, t > 3$. 今 $t = 3^x > 0$ なので $t > 3$ だから $3^x > 3$ を得る．$y = 3^x$ は増加関数なので $x > 1$.

6.5　補足

　前節では a^r の r を変数としたが a を変数 x とした関数 $y = x^r$ も考えられる．これを**べき関数**という．a^r は正の実数 a とすべての実数 r について定義できたので，べき関数 $y = x^r$ はすべての実数 r に対して定義される．ただし，その定義域は一般には $x > 0$ であるが，r の値によっては 0 以下の実数についても定義される．

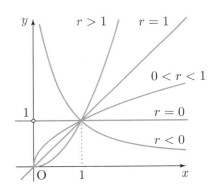

　さらには a^r の a, r をともに変数 x とした関数 $y = x^x$ も考えられる．このグラフは右のようになる．

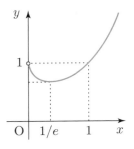

[§] $y = (t+1)(t-3)$ のグラフを描いて考えればよい.

練習問題 6

A6.1　次の値を指数・根号を使わずに表せ.

(1) $\left(\dfrac{1}{2}\right)^0$　(2) 2^{-3}　(3) $\left(\dfrac{1}{7}\right)^{-2}$　(4) $(-3)^{-2}$　(5) $8^{\frac{1}{3}}$　(6) $9^{\frac{3}{2}}$　(7) $16^{-\frac{3}{4}}$

A6.2　次の式を簡単にし, 指数を使って a^x の形で表せ.

(1) $a^3 \cdot a^{-\frac{1}{2}}$　(2) $a^{\frac{1}{3}} \cdot a^{\frac{1}{4}}$　(3) $a^{\frac{1}{2}} \cdot a^2 \cdot a^{-\frac{1}{3}}$　(4) $\sqrt[5]{a^{-3}}$　　(5) $\dfrac{1}{\sqrt[3]{a^4}}$

(6) $\dfrac{a^6}{a^2}$　　　(7) $(a^{-5})^{-2}$　(8) $\sqrt{a\sqrt{a}}$　　　(9) $\dfrac{\sqrt[4]{a} \cdot \sqrt[8]{a^3}}{\sqrt{a}}$

A6.3　次の式を簡単にし, 指数を使って $a^x b^y$ の形で表せ.

(1) $a^2 b^{-2} a^{-3} b^4 a^5$　　　(2) $a^{\frac{1}{5}} b^{\frac{1}{4}} a^{\frac{1}{3}} b^{\frac{1}{2}}$　　(3) $\left(\dfrac{a^{-2}}{b}\right)^{-3}$

(4) $\sqrt[3]{\sqrt{a^3 b^2} \cdot \sqrt[4]{ab^{-2}}}$　　(5) $\dfrac{\sqrt[3]{a^2 b} \cdot \sqrt[4]{a^3 b^2}}{\sqrt[12]{a^5 b^{-2}}}$

A6.4　次の式を簡単にせよ.

(1) $\left\{\left(\dfrac{81}{25}\right)^{-\frac{4}{3}}\right\}^{\frac{3}{8}}$　　(2) $\left(a^{\frac{1}{2}} + b^{\frac{1}{2}}\right)\left(a^{\frac{1}{2}} - b^{\frac{1}{2}}\right)$　　(3) $\dfrac{(2^2 \times 5^{-1})^{\frac{1}{3}} \, 2^{-\frac{5}{3}}}{\sqrt[3]{25}}$

A6.5　次の値を小さいものから順に不等号を用いて並べよ. その理由も示すこと.

　　ただし, e はネイピア数 $e = 2.71828\cdots$ とする (45 ページ, 57 ページ参照).

(1) $2^2,\ 2^3,\ 2^4,\ 2^e,\ 2^\pi$　　　　　　(2) $\sqrt[3]{9},\ \sqrt[5]{81},\ \sqrt[7]{243}$

(3) $e^2,\ e^3,\ e^4,\ e^e,\ e^\pi$　　　　　　(4) $\sqrt{3},\ 9^{\frac{1}{3}},\ \sqrt[6]{3^5}$

(5) $\left(\dfrac{1}{2}\right)^2,\ \left(\dfrac{1}{2}\right)^3,\ \left(\dfrac{1}{2}\right)^4,\ \left(\dfrac{1}{2}\right)^e,\ \left(\dfrac{1}{2}\right)^\pi$　(6) $\sqrt{\dfrac{1}{2}},\ \sqrt[4]{\dfrac{1}{8}},\ \sqrt[3]{\dfrac{1}{4}}$

A6.6　次の方程式および不等式を解け.

(1) $5^{2x-3} = 125$　　(2) $4^x = 8$　　(3) $\left(\dfrac{1}{9}\right)^x > 27$

A6.7　次の方程式および不等式を解け.

(1) $2^{2x} - 5 \cdot 2^x + 4 = 0$　　(2) $4^x - 3 \cdot 2^{x+1} + 2^3 = 0$

(3) $2^{2x} + 2^x - 6 = 0$　　(4) $2^{2x} - 2 \cdot 2^x - 8 > 0$

B6.1 次の方程式および不等式を解け.

(1) $3 \cdot 9^{-x} - 10 \cdot 3^{-x} + 3 = 0$　　(2) $5^{1+x} + 5^{1-x} = 26$

(3) $9^x - 3^{x+1} - 2 \cdot 3^3 > 0$　　(4) $e^{x^2+x} \cdot e^{2x+2} = 1$

B6.2 次の式を簡単にせよ.

(1) $\pi^{\sin^2 x} \cdot \pi^{\cos^2 x}$　　(2) $\dfrac{\left(\pi^{\sin x}\right)^{2\cos x}}{\pi^{\sin 2x}}$　　(3) $\dfrac{\pi^{\cos^4 x}}{\pi^{\sin^4 x} \cdot \pi^{\cos 2x}}$

C6.1　a を 1 以外の正の実数とする. 関数 $f(x),\, g(x)$ を

$$f(x) = \frac{a^x + a^{-x}}{2}, \quad g(x) = \frac{a^x - a^{-x}}{2}$$

とおくとき, 次の問いに答えよ.

(1) $\{f(x)\}^2 - \{g(x)\}^2 = 1$ であることを証明せよ.

(2) $f(x+y) = f(x)\,f(y) + g(x)\,g(y)$ であることを証明せよ.

(注) $a = e$ (ネイピア数) のとき, 関数 $f(x)$ と $g(x)$ は双曲線関数と呼ばれている.

第 7 章　対数関数

例題 7.1. 関数 $y = 2^x$ の逆関数のグラフを描け.

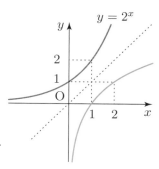

解説：$y = 2^x$ は増加関数で値域が正の実数全体であるから，どんな正の実数 a についても $2^x = a$ となる実数 x がただ 1 つ定まるので逆関数を持つ．したがって 7 ページで考察したように $y = 2^x$ のグラフを $y = x$ に関して対称移動して右のグラフを得る.

7.1　対数関数

上の例題で逆関数の式を求めるには，まず x と y を入れ替えて $x = 2^y$ とし，次にこれを y について解けばよい．しかし x で表す記号がない．そこで新たな記号 $\log$ を導入して $y = \log_2 x$ と書く．これが指数関数の逆関数である**対数関数**である.

同様に，1 でない正の実数 a について，指数関数 $y = a^x$ の逆関数である対数関数 $y = \log_a x$ を定義することができる．$y = \log_a x$ を a を**底**とする対数関数という．また $\log_a x$ を a を底とする x の**対数**といい，x を $\log_a x$ の**真数**という.

指数関数 $y = a^x$ において x と y を入れ替えると $x = a^y$ である．これを y について解いたものが $y = \log_a x$ であるから，これらは同値である.
ここで x を M に，y を p に置き換えると右のようになる.

$$\log_a M = p \overset{(*)}{\Leftrightarrow} a^p = M$$

例題 7.2. $2^3 = 8$ を $\log_a M = p$ の形に，$\log_2 16 = 4$ を $a^p = M$ の形に表せ.

解説：右上の $(*)$ から $2^3 = 8 \Leftrightarrow \log_2 8 = 3$ であり，$\log_2 16 = 4 \Leftrightarrow 2^4 = 16$ である.

一般に実数 x に対して，右上の $(*)$ で $p = x$ とおいて $M = a^x$ を $\log_a M = x$ に代入すると $\log_a a^x = x$ が得られ，$M = x$ とおいて $p = \log_a x$ を $a^p = x$ に代入すると $a^{\log_a x} = x$ が得られる.

$$\log_a a^x = x$$
$$a^{\log_a x} = x$$

例題 7.3. x の値を求めよ. 　(1) $x = \log_2 2^{32}$ 　　(2) $x = 2^{\log_2 32}$ 　　(3) $x = \log_2 32$

解答：(1) $x = \log_2 2^{32} = 32$ 　(2) $x = 2^{\log_2 32} = 32$ 　(3) $x = \log_2 32 = \log_2 2^5 = 5$

指数法則から次の対数関数の法則が得られる.

> (1) $\log_a MN = \log_a M + \log_a N$ (3) $\log_a M^r = r\log_a M$
>
> (2) $\log_a \dfrac{M}{N} = \log_a M - \log_a N$ (4) $\log_a M = \dfrac{\log_b M}{\log_b a}$
>
> （ただし，a, b は 1 でない正の実数，M, N は正の実数）

例題 7.4. 上の対数関数の法則 (2), (4) が成り立つことを示せ.

解答：(2) $\log_a M = p$, $\log_a N = q$ とおくと $M = a^p$, $N = a^q$ となる. すると指数法則より

$M/N = a^p/a^q = a^{p-q}$ だから $\log_a(M/N) = \log_a a^{p-q} = p - q = \log_a M - \log_a N$.

(4) $\log_a M = s$, $\log_b a = t$ とおくと $M = a^s$, $a = b^t$ となる. すると指数法則より

$M = a^s = (b^t)^s = b^{ts}$ だから $\log_b M = ts = \log_b a \cdot \log_a M$. したがって,

$a \neq 1$ より $\log_b a \neq 0$ だから題意の式を得る.

対数関数 $y = \log_a x$ の特徴は次のとおり.

また，そのグラフは右のようになる.

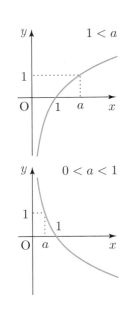

> 対数関数 $y = \log_a x$（a は 1 でない正の実数）の性質
> ・定義域：正の実数全体，値域：実数全体.
> ・グラフは点 $(1,0)$ と点 $(a,1)$ を通り，y 軸が漸近線となる.
> ・x の値が増加すると
> $1 < a$ 　　のとき $\cdots$ y の値も増加
> $\qquad\qquad\qquad (0 < p < q \Leftrightarrow \log_a p < \log_a q)$
> $0 < a < 1$ のとき $\cdots$ y の値は減少
> $\qquad\qquad\qquad (0 < p < q \Leftrightarrow \log_a p > \log_a q)$

例題 7.5. 次の値を小さいものから順に不等号を用いて並べよ.　$\log_2 \dfrac{1}{5}$　　$\log_2 5$　　$\log_2 1$

解答：まず，$\dfrac{1}{5} < 1 < 5$ である. 次に，底が 2 (> 1) だから $y = \log_2 x$ は増加関数である.

したがって，$\log_2 \dfrac{1}{5} < \log_2 1 < \log_2 5$.

例題 7.6. $y = \log_3 x$ のグラフをもとにして，次の関数のグラフを描け．

(1) $y = \log_{\frac{1}{3}} x$ (2) $y = \log_3 (x-1) + 2$

解説: (1) $\log_{\frac{1}{3}} x = \dfrac{\log_3 x}{\log_3 (1/3)} = -\log_3 x$ より $y = \log_{\frac{1}{3}} x$ のグラフは $y = \log_3 x$ のグラフを x 軸に関して対称移動したもの．(2) $y = \log_3 (x-1) + 2$ のグラフは $y = \log_3 x$ のグラフを x 軸方向に 1，y 軸方向に 2 だけ平行移動したもの．

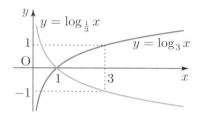 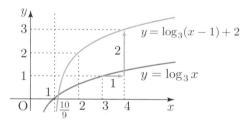

例題 7.7. 次の方程式および不等式を解け．   (1) $\log_2 (x+1) + \log_2 (x-5) = 4$

(2) $\log_2 (x-2) + \log_2 (x-9) < 3$ (3) $2\log_5 x = \log_5 (x+6)$

解答: (1) 真数は正であるから $x+1 > 0$ かつ $x-5 > 0$ より $x > 5 \cdots (*)$ また（与式）$\Leftrightarrow$ $\log_2 (x+1)(x-5) = 4 \Leftrightarrow (x+1)(x-5) = 2^4 = 16 \Leftrightarrow x^2 - 4x - 5 - 16 = 0 \Leftrightarrow$ $(x+3)(x-7) = 0$. これを解いて $x = -3, 7$. $(*)$ より $x = 7$.

(2) 真数は正であるから $x-2 > 0$ かつ $x-9 > 0$ より $x > 9 \cdots (*)$ また（与式）$\Leftrightarrow$ $\log_2 (x-2)(x-9) < 3 = \log_2 8 \Leftrightarrow (x-2)(x-9) < 8 \Leftrightarrow x^2 - 11x + 18 - 8 < 0 \Leftrightarrow$ $(x-1)(x-10) < 0$. これを解いて $1 < x < 10$. $(*)$ より $9 < x < 10$.

(3) 真数は正であるから $x > 0$ かつ $x+6 > 0$ より $x > 0 \cdots (*)$ また（与式）$\Leftrightarrow$ $\log_5 x^2 = \log_5 (x+6)$ より $x^2 = x+6$ を解いて $x = 3, -2$. $(*)$ より $x = 3$.

7.2 補足

　10 を底とする対数 $\log_{10} M$ を**常用対数**といい，$e \, (= 2.71828\cdots)$（**ネイピア数**）を底とする対数 $\log_e M$ を**自然対数**という．数学では通常，指数関数・対数関数ともに底としてネイピア数を用いる: $y = e^x, \ y = \log_e x$. さらに対数関数では底を省略して単に $y = \log x$ と書く†. 数学においてネイピア数が底として用いられる理由の 1 つとして，微分との相性のよさが挙げられる．e^x を微分すると e^x で $\log x$ を微分すると $\dfrac{1}{x}$ であるが，a^x を微分すると $a^x \log a$ で $\log_a x$ を微分すると $\dfrac{1}{x \log a}$ となる．

---

† 常用対数 $\log_{10} x$ を $\log x$ と書き，自然対数 $\log_e x$ を $\ln x$ と書く分野もある．

練習問題 7

A7.1 次の値を小さいものから順に不等号を用いて並べよ. その理由も示すこと.

(1) $\log_3 \dfrac{1}{7}$ $\log_3 7$ $\log_3 \dfrac{1}{5}$ $\log_3 5$ $\log_3 1$ (2) $\log_{\frac{1}{3}} \dfrac{1}{7}$ $\log_{\frac{1}{3}} 7$ $\log_{\frac{1}{3}} \dfrac{1}{5}$ $\log_{\frac{1}{3}} 5$ $\log_{\frac{1}{3}} 1$

A7.2 次の等式を $\log_a M = p$ の形に表せ.

(1) $2^2 = 4$ (2) $2^{-2} = \dfrac{1}{4}$ (3) $5^3 = 125$ (4) $3^{-2} = \dfrac{1}{9}$ (5) $8^{-\frac{1}{3}} = \dfrac{1}{2}$

A7.3 次の等式を $a^p = M$ の形に表せ.

(1) $\log_2 8 = 3$ (2) $\log_2 1 = 0$ (3) $\log_2 \dfrac{1}{8} = -3$ (4) $\log_{64} \dfrac{1}{8} = -\dfrac{1}{2}$

A7.4 x の値を求めよ.

(1) $x = \log_2 16$ (2) $x = \log_2 \sqrt{2}$ (3) $x = \log_2 \dfrac{1}{\sqrt{2}}$ (4) $x = \log_{49} \dfrac{1}{7}$

(5) $x = \log_{\sqrt{3}} 1$ (6) $\log_5 x = -1$ (7) $\log_x 2 = 1$ (8) $\log_x 4 = \dfrac{2}{3}$

A7.5 次の式を計算せよ.

(1) $\log_2 \dfrac{4}{3} + \log_2 6$ (2) $\log_2 24 - \log_2 3$ (3) $\log_2 \sqrt{6} - \log_2 \sqrt{3}$ (4) $\log_9 27$

(5) $\log_3 4 + \log_3 \dfrac{1}{36}$ (6) $\log_3 \left(\log_2 \sqrt[3]{2} \right)$ (7) $\log_5 \sqrt{10} - \dfrac{1}{2} \log_5 2$ (8) $\dfrac{\log_{10} 16}{\log_{10} 64}$

(9) $\log_2 3 \cdot \log_3 4$ (10) $\log_2 3 \cdot \log_3 10 - \log_2 5$

A7.6 次の方程式および不等式を満たす x の値を求めよ.

(1) $\log_5 x + \log_5 (x - 4) = 1$ (2) $\log_2 (x + 1) < 4$

A7.7 $y = \log_2 x$ のグラフをもとにして, 次の関数のグラフを描け.

(1) $y = \log_2 (x + 2)$ (2) $y = \log_{\frac{1}{2}} (x - 2)$

B7.1 x の値を求めよ.

(1) $x = e^{\log 5}$ (2) $x = \log e^5$ (3) $x = \log e^{\pi}$ (4) $x = 5^{\log_5 \pi}$ (5) $x = \sin \left(e^{\log \pi} \right)$

B7.2 次の不等式を解け.

(1) $\log_2 (x - 3) + \log_2 (x - 4) < 1$ (2) $2 \log_{\frac{1}{3}} (x - 2) > \log_{\frac{1}{3}} (x + 4)$

B7.3　次の式を簡単にせよ.

(1) $\log_2 24 \cdot \log_3 8 - \dfrac{9}{2} \log_3 4$　　　(2) $\log (\sin^4 x - \cos^4 x) - \log (\sin^2 x - \cos^2 x)$

B7.4　次の公式を示せ.　　(1) $\log_a MN = \log_a M + \log_a N$　　(2) $\log_a M^r = r \log_a M$

C7.1　あるガラスの板を光が通過すると, 光の強さは $\dfrac{9}{10}$ になるという. このガラスの板を重ねて光を通過させるとき, 光の強さを $\dfrac{1}{3}$ 以下にするためには, ガラスの板を何枚以上重ねる必要があるか. ただし, $\log_{10} 3 = 0.4771$ とする.

C7.2　$\log_{10} 2 = 0.3010$ とする. このとき, 次の問いに答えよ.

(1) $\log_{10} 1.6$ の値を求めよ.

(2) $(1.6)^n$ が 10000 より大きくなるような最小の自然数 n を求めよ.

C7.3　水溶液中で, 物質 A から物質 B へ変化する化学反応を考える. ある条件下では, 反応が始まってから t 分後における物質 A の濃度 $a(t)$ [%] は

$$a(t) = a_0 e^{-kt} \quad (a_0, k \text{ は正の定数})$$

と表されるという. この関係が成り立っているとき, 次の問いに答えよ.

(1) $t = 0$ のときの濃度を求めよ.

(2) 物質 A の濃度がちょうど半分になるまでにかかる時間を, $\log 2$ を使って表せ.

第 8 章　関数の極限

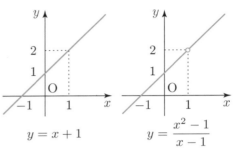

例題 8.1. 関数 $y = \dfrac{x^2 - 1}{x - 1}$ のグラフを描け.

解説：この関数の定義域は $x = 1$ 以外の実数である.

$x \neq 1$ のとき $\dfrac{x^2 - 1}{x - 1} = \dfrac{(x + 1)(x - 1)}{x - 1} = x + 1$

だから, 求めるグラフは $y = x + 1$ のグラフから

$x = 1$ のときの点 $(1, 2)$ を除いたものになる.

$$y = x + 1 \qquad y = \dfrac{x^2 - 1}{x - 1}$$

関数 $f(x)$ において x が $x \neq p$ を満たしながら p に限りなく近づく（$x \to p$ と表す）とする.
このとき $f(x)$ が一定の値 α に限りなく近づくならば

$$x \text{ が } p \text{ に近づくとき } f(x) \text{ は } \alpha \text{ に 収束する}$$

といい,

$$\lim_{x \to p} f(x) = \alpha \quad \text{または} \quad f(x) \to \alpha \ (x \to p)$$

と表す. また α を $x \to p$ のときの $f(x)$ の **極限値**という.

例：(1) $\displaystyle\lim_{x \to 0} \sin x = 0$　(2) $\displaystyle\lim_{x \to 0} \cos x = 1$　(3) $\displaystyle\lim_{x \to 0} e^x = 1$

$y = \dfrac{x^2 - 1}{x - 1}$ は $x = 1$ 以外では定義されているので, 1 にいくらでも近い x $(x \neq 1)$ において

値がある. そこで $x \to 1$ としたときの値を見てみよう. $x \neq 1$ のとき $\dfrac{x^2 - 1}{x - 1} = x + 1$ だから

$\displaystyle\lim_{x \to 1} \dfrac{x^2 - 1}{x - 1} = \lim_{x \to 1}(x + 1)$ である. 右辺は $y = x + 1$ において $x \to 1$ としたときの値なので 2

である. したがって, $\displaystyle\lim_{x \to 1} \dfrac{x^2 - 1}{x - 1} = \lim_{x \to 1}(x + 1) = 2$ となる.

例題 8.2. 次の極限値を求めよ.　(1) $\displaystyle\lim_{x \to 2} \dfrac{x^2 - 4}{x - 2}$　(2) $\displaystyle\lim_{x \to 1}(x^2 + 3x + 1)$　(3) $\displaystyle\lim_{x \to 3} 5$

解答：(1) $\displaystyle\lim_{x \to 2} \dfrac{x^2 - 4}{x - 2} = \lim_{x \to 2}(x + 2) = 4$.　(2) $\displaystyle\lim_{x \to 1}(x^2 + 3x + 1) = 5$.

(3) 定数関数 $y = a$ は x の値に関わらず常に $y = a$ だから $\displaystyle\lim_{x \to 3} 5 = 5$.

例題 8.3. 次の極限値を求めよ。　(1) $\displaystyle\lim_{x\to 2}\frac{x-2}{\sqrt{x+2}-2}$　(2) $\displaystyle\lim_{x\to 0}\frac{2-\sqrt{4-x}}{x}$

解答：(1) $x\neq 2$ のとき $\displaystyle\frac{x-2}{\sqrt{x+2}-2}=\frac{x-2}{\sqrt{x+2}-2}\cdot\frac{\sqrt{x+2}+2}{\sqrt{x+2}+2}=\frac{(x-2)(\sqrt{x+2}+2)}{x-2}$

$=\sqrt{x+2}+2$ より $\displaystyle\lim_{x\to 2}\frac{x-2}{\sqrt{x+2}-2}=\lim_{x\to 2}(\sqrt{x+2}+2)=4.$

(2) $x\neq 0$ のとき $\displaystyle\frac{2-\sqrt{4-x}}{x}=\frac{2-\sqrt{4-x}}{x}\cdot\frac{2+\sqrt{4-x}}{2+\sqrt{4-x}}=\frac{x}{x(2+\sqrt{4-x})}=\frac{1}{2+\sqrt{4-x}}$

より $\displaystyle\lim_{x\to 0}\frac{2-\sqrt{4-x}}{x}=\lim_{x\to 0}\frac{1}{2+\sqrt{4-x}}=\frac{1}{4}.$

8.1 発散と無限大

$f(x)$ と p によっては $\displaystyle\lim_{x\to p}f(x)$ は存在するとは限らない。極限値が存在しないならば $x\to p$ のとき $f(x)$ は**発散**するという。特に

$x\to p$ のとき、$f(x)$ の値が

いくらでも大きくなれば $f(x)$ は**正の無限大に発散する**といい、$\displaystyle\lim_{x\to p}f(x)=+\infty$ と表し*、

いくらでも負に大きく（負で絶対値が大きく）なれば $f(x)$ は**負の無限大に発散する**といい、

$\displaystyle\lim_{x\to p}f(x)=-\infty$ と表す（$+\infty$ は通常単に ∞ と表す）。

また、x が限りなく大きくなるとき $x\to\infty$、限りなく負に大きくなるとき $x\to-\infty$ と表す。

$x\to\infty$ のとき $f(x)$ が一定の値 α に限りなく近づくならば、$f(x)$ は α に**収束**するといい、

$$\lim_{x\to\infty}f(x)=\alpha \quad\text{または}\quad f(x)\to\alpha\ (x\to\infty)$$

と表す。同様に、$x\to-\infty$ のとき、

$$\lim_{x\to-\infty}f(x)=\alpha \quad\text{または}\quad f(x)\to\alpha\ (x\to-\infty)$$

と表す。いずれの場合も、α を $f(x)$ の**極限値**という。

$\displaystyle\lim_{x\to\infty}f(x)=-\infty$（$x\to\infty$ のとき $f(x)$ が負の無限大に発散することを表す）なども用いる。

例：(1) $\displaystyle\lim_{x\to\infty}x=\infty$　(2) $\displaystyle\lim_{x\to-\infty}x=-\infty$　(3) $\displaystyle\lim_{x\to\infty}x^2=\infty$　(4) $\displaystyle\lim_{x\to-\infty}x^2=\infty$

---

* ∞ は無限大と呼ばれる記号で、数ではない。

8.2　片側極限

$y = \dfrac{1}{x}$ は $x=0$ のとき値をもたないが，0 以外のすべての実数が定義域なので x を限りなく 0 に近づけることはできる．x を正のまま 0 に近づけていくと y は $+\infty$ に，負のまま 0 に近づけていくと $-\infty$ に発散する．ここで $x > p$ を満たしながら x が p に限りなく近づくことを $x \to p+0$，$x < p$ を満たしながら x が p に限りなく近づくことを $x \to p-0$ と表す（$p=0$ の場合は $0+0, 0-0$ を単に $+0, -0$ とも書く）．したがって，次のように表される．

$$\lim_{x \to +0} \frac{1}{x} = +\infty \qquad \lim_{x \to -0} \frac{1}{x} = -\infty$$

$x \to p+0$ のときの極限 $\displaystyle\lim_{x \to p+0} f(x)$ を**右側極限**，$x \to p-0$ のときの極限 $\displaystyle\lim_{x \to p-0} f(x)$ を**左側極限**といい，あわせて**片側極限**という．

$$\lim_{x \to p} f(x) = \alpha \Leftrightarrow \lim_{x \to p+0} f(x) = \alpha \text{ かつ } \lim_{x \to p-0} f(x) = \alpha$$

8.3　指数関数・対数関数の極限

指数関数や対数関数の極限については次のようになる．

$a>1$ のとき	$0<a<1$ のとき	$a>1$ のとき	$0<a<1$ のとき
$\displaystyle\lim_{x\to\infty} a^x = \infty$	$\displaystyle\lim_{x\to\infty} a^x = 0$	$\displaystyle\lim_{x\to\infty} \log_a x = \infty$	$\displaystyle\lim_{x\to\infty} \log_a x = -\infty$
$\displaystyle\lim_{x\to-\infty} a^x = 0$	$\displaystyle\lim_{x\to-\infty} a^x = \infty$	$\displaystyle\lim_{x\to+0} \log_a x = -\infty$	$\displaystyle\lim_{x\to+0} \log_a x = \infty$

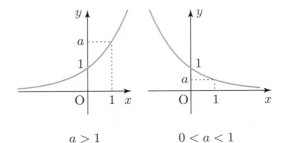
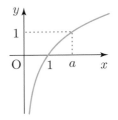
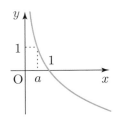

$a>1$　　　　$0<a<1$　　　　$1<a$　　　　$0<a<1$

$y = a^x$　　　　　　$y = \log_a x$

8.4 極限の性質

$x \to p$ のとき $f(x)$ と $g(x)$ が極限値をもつならば,次の性質が成り立つ.

$$\lim_{x \to p} f(x) = \alpha, \ \lim_{x \to p} g(x) = \beta \ \text{ならば}$$

$$\lim_{x \to p} kf(x) = k \lim_{x \to p} f(x) = k\alpha \qquad (k \ \text{は定数})$$

$$\lim_{x \to p} \{f(x) \pm g(x)\} = \lim_{x \to p} f(x) \pm \lim_{x \to p} g(x) = \alpha \pm \beta \quad (\text{複号同順})$$

$$\lim_{x \to p} \{f(x) \cdot g(x)\} = \lim_{x \to p} f(x) \cdot \lim_{x \to p} g(x) = \alpha \cdot \beta$$

$$\lim_{x \to p} \frac{f(x)}{g(x)} = \frac{\lim_{x \to p} f(x)}{\lim_{x \to p} g(x)} = \frac{\alpha}{\beta} \qquad \text{ただし} \ \beta \neq 0$$

上の性質は $x \to \infty$ や $x \to -\infty$, $x \to p+0, x \to p-0$ の場合でも同様に成り立つ.

例題 8.4. 次の極限値を求めよ.

(1) $\displaystyle\lim_{x \to 0} 3 \cos x$ (2) $\displaystyle\lim_{x \to 0} (e^x + \cos x)$ (3) $\displaystyle\lim_{x \to 0} (e^x - \cos x)$ (4) $\displaystyle\lim_{x \to 0} (e^x \cdot \cos x)$ (5) $\displaystyle\lim_{x \to 0} \frac{e^x}{\cos x}$

解答: $\displaystyle\lim_{x \to 0} \cos x = 1, \ \lim_{x \to 0} e^x = 1$ より (1) 3 (2) 2 (3) 0 (4) 1 (5) 1

例題 8.5. 次の極限を調べよ. (1) $\displaystyle\lim_{x \to -\infty} x^2$ (2) $\displaystyle\lim_{x \to \infty} \frac{x^3 + 3}{x - 2}$ (3) $\displaystyle\lim_{x \to \infty} (x^3 - 3x^2 - 4)$

解答: (1) ∞

(2) (与式) $= \displaystyle\lim_{x \to \infty} \frac{\dfrac{x^3}{x} + \dfrac{3}{x}}{\dfrac{x}{x} - \dfrac{2}{x}} = \lim_{x \to \infty} \frac{x^2 + \dfrac{3}{x}}{1 - \dfrac{2}{x}} = \infty$. (3) (与式) $= \displaystyle\lim_{x \to \infty} x^3 \left(1 - \frac{3}{x} - \frac{4}{x^3}\right) = \infty$.

例題 8.6. 次の極限値を求めよ. (1) $\displaystyle\lim_{x \to \infty} \frac{2x^2 - 3x + 5}{3x^2 + 2x + 7}$ (2) $\displaystyle\lim_{x \to \infty} (\sqrt{x^2 + x - 3} - x)$

解答: (1) (与式) $= \displaystyle\lim_{x \to \infty} \frac{2 - \dfrac{3}{x} + \dfrac{5}{x^2}}{3 + \dfrac{2}{x} + \dfrac{7}{x^2}} = \frac{2}{3}$. (2) $x > 0$ すなわち $x = \sqrt{x^2}$ と考えてよいから

$$\sqrt{x^2 + x - 3} - x = \frac{(\sqrt{x^2 + x - 3} - x)(\sqrt{x^2 + x - 3} + x)}{\sqrt{x^2 + x - 3} + x} = \frac{(x^2 + x - 3) - x^2}{\sqrt{x^2 + x - 3} + x}$$

$$= \frac{x - 3}{\sqrt{x^2 + x - 3} + x} = \frac{1 - \dfrac{3}{x}}{\sqrt{1 + \dfrac{1}{x} - \dfrac{3}{x^2}} + 1} \ \text{より} \ (\text{与式}) = \lim_{x \to \infty} \frac{1 - \dfrac{3}{x}}{\sqrt{1 + \dfrac{1}{x} - \dfrac{3}{x^2}} + 1} = \frac{1}{2}.$$

8.5　はさみうちの原理

次は 3 つの関数 $f(x)$, $g(x)$, $h(x)$ に対し，$f(x) \leqq h(x) \leqq g(x)$ という関係があるとき，$f(x)$ と $g(x)$ が同じ実数に収束するなら，$h(x)$ もその数に収束するという定理である．

[はさみうちの原理] $f(x) \leqq h(x) \leqq g(x)$ で $\displaystyle\lim_{x \to p} f(x) = \lim_{x \to p} g(x) = \alpha$ のとき $\displaystyle\lim_{x \to p} h(x) = \alpha$

例題 8.7. 次の極限値を求めよ．(1) $\displaystyle\lim_{\theta \to \infty} \frac{\sin \theta}{\theta}$　(2) $\displaystyle\lim_{\theta \to 0} \frac{\sin \theta}{\theta}$　(3) $\displaystyle\lim_{\theta \to 0} \frac{\sin 2\theta}{\theta}$　(4) $\displaystyle\lim_{\theta \to 0} \frac{\sin 5\theta}{\sin 3\theta}$

解説：(1) $\theta \to \infty$ より $\theta > 0$ としてよいから $-1 \leqq \sin \theta \leqq 1$ より $-\dfrac{1}{\theta} \leqq \dfrac{\sin \theta}{\theta} \leqq \dfrac{1}{\theta}$.

$\displaystyle\lim_{\theta \to \infty} \left(-\frac{1}{\theta} \right) = 0$, $\displaystyle\lim_{\theta \to \infty} \frac{1}{\theta} = 0$ だから，はさみうちの原理より $\displaystyle\lim_{\theta \to \infty} \frac{\sin \theta}{\theta} = 0$.

(2) $0 < \theta < \dfrac{\pi}{2}$ のとき，図のように単位円周上に 3 点 A, B, C をとると OA $= 1$ だから AC $= \tan \theta$. よって面積を計算すると

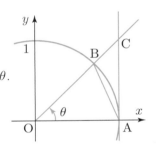

$\triangle \text{OAB} = \dfrac{1}{2} \sin \theta$, 扇形 OAB $= \dfrac{1}{2} \cdot 1^2 \cdot \theta = \dfrac{1}{2} \theta$, $\triangle \text{OAC} = \dfrac{1}{2} \tan \theta$.
図からわかるように $\triangle \text{OAB} <$ 扇形 OAB $< \triangle \text{OAC}$ だから
$\sin \theta < \theta < \tan \theta = \dfrac{\sin \theta}{\cos \theta}$ である．

そこで各辺を $\sin \theta$ で割って逆数をとると $\sin \theta > 0$ より $\cos \theta < \dfrac{\sin \theta}{\theta} < 1 \cdots (*)$

次に $-\dfrac{\pi}{2} < \theta < 0$ のときは $0 < -\theta < \dfrac{\pi}{2}$ だから $(*)$ に代入して $\cos(-\theta) < \dfrac{\sin(-\theta)}{-\theta} < 1$.
$\cos(-\theta) = \cos \theta$, $\sin(-\theta) = -\sin \theta$ より $-\dfrac{\pi}{2} < \theta < 0$ のときも $\cos \theta < \dfrac{\sin \theta}{\theta} < 1$ となる．
よって $0 < |\theta| < \dfrac{\pi}{2}$ のとき $\cos \theta < \dfrac{\sin \theta}{\theta} < 1$ が成り立ち，$\displaystyle\lim_{\theta \to 0} \cos \theta = 1$, $\displaystyle\lim_{\theta \to 0} 1 = 1$ だから
はさみうちの原理より $\displaystyle\lim_{\theta \to 0} \frac{\sin \theta}{\theta} = 1$.

(3) $\displaystyle\lim_{\theta \to 0} \frac{\sin 2\theta}{\theta} = \lim_{\theta \to 0} 2 \cdot \frac{\sin 2\theta}{2\theta} = 2 \lim_{\theta \to 0} \frac{\sin 2\theta}{2\theta} = 2 \cdot 1 = 2$　($\theta \to 0$ のとき $2\theta \to 0$).

(4) $\displaystyle\lim_{\theta \to 0} \frac{\sin 5\theta}{\sin 3\theta} = \lim_{\theta \to 0} \frac{5 \cdot \dfrac{\sin 5\theta}{5\theta}}{3 \cdot \dfrac{\sin 3\theta}{3\theta}} = \frac{5 \cdot 1}{3 \cdot 1} = \frac{5}{3}$.

練習問題 **8**

A8.1   次の極限を調べよ.

(1) $\displaystyle\lim_{x\to 3}\frac{x^2-2x-3}{x-3}$

(2) $\displaystyle\lim_{x\to -1}\frac{x^2+x}{x^2+4x+3}$

(3) $\displaystyle\lim_{x\to 0}\frac{x^2+x}{x}$

(4) $\displaystyle\lim_{x\to 1}\frac{x-1}{\sqrt{x+8}-3}$

(5) $\displaystyle\lim_{x\to -1}\frac{\sqrt{3-x}-2}{x+1}$

(6) $\displaystyle\lim_{x\to 0}\frac{1-\sqrt{1+x^2}}{x^2}$

(7) $\displaystyle\lim_{x\to 2}\sqrt{\frac{x}{x^2+5}}$

(8) $\displaystyle\lim_{x\to\infty}(\sqrt{x^2+1}-x)$

(9) $\displaystyle\lim_{x\to 0}\frac{e^x}{\sin x+\cos x}$

(10) $\displaystyle\lim_{x\to\infty}e$

(11) $\displaystyle\lim_{x\to\infty}e^x$

(12) $\displaystyle\lim_{x\to -\infty}e^x$

(13) $\displaystyle\lim_{x\to -\infty}\pi$

(14) $\displaystyle\lim_{x\to +0}\log x$

(15) $\displaystyle\lim_{x\to\infty}\log x$

(16) $\displaystyle\lim_{x\to -\infty}\frac{\cos x}{x^2}$

(17) $\displaystyle\lim_{x\to 0}x^2\sin\frac{1}{x}$

(18) $\displaystyle\lim_{x\to 0}x^2\cos\frac{1}{x}$

(19) $\displaystyle\lim_{x\to 0}\frac{\sin 3x}{x}$

(20) $\displaystyle\lim_{x\to 0}\frac{\sin 4x+\sin 3x}{\sin 2x}$

(21) $\displaystyle\lim_{x\to 0}\frac{\sin\frac{x}{2}}{x}$

A8.2   次の極限を調べよ.

(1) $\displaystyle\lim_{x\to\infty}\frac{3x^3-1}{x^3+2x}$

(2) $\displaystyle\lim_{x\to\infty}\frac{x^2-1}{x^3+1}$

(3) $\displaystyle\lim_{x\to -\infty}\frac{x^3+1}{x^2+1}$

(4) $\displaystyle\lim_{x\to -\infty}(x^3-x+5)$

B8.1   次の極限値を求めよ.

(1) $\displaystyle\lim_{x\to 0}\frac{\tan x}{x}$

(2) $\displaystyle\lim_{x\to 0}\frac{1-\cos^2 x}{x^2}$

(3) $\displaystyle\lim_{x\to 0}\frac{1-\cos x}{x^2}$

(4) $\displaystyle\lim_{x\to -\infty}(\sqrt{x^2+3}+x)$

(5) $\displaystyle\lim_{x\to\infty}x\sin\frac{1}{x}$

B8.2   次の極限を調べよ.

(1) $\displaystyle\lim_{x\to +0}e^{\frac{1}{x}}$

(2) $\displaystyle\lim_{x\to -0}e^{\frac{1}{x}}$

(3) $\displaystyle\lim_{x\to 0}e^{\frac{1}{x}}$

C8.1 分子 A と分子 B が 1 つずつ反応し，物質 C が生成される反応を考える．ある条件下では，分子 A と分子 B が同数あるとき，反応が始まってから t 秒後までに生成される物質 C の量は

$$\frac{pt}{qt+1} \quad [\text{g}] \qquad (p, q は p > q である正の定数)$$

と表されるという．この関係が成り立っているとき，次の問いに答えよ．

(1) 物質 C がちょうど 1 [g] 生成されるのは何秒後であるか計算せよ．

(2) 時間が経つにつれ，生成される物質 C はある一定の量に限りなく近づく．

　　その量を求めよ．

C8.2 下図のように，高さが 1 [m] で底面が 1 辺 x [m] の正方形の直方体 A と，それを斜めに半分に切った立体 B がある．このとき，次の問いに答えよ．

(1) 直方体 A の表面積を S_A [m²] とするとき，S_A を x を用いて表せ．

(2) 立体 B の表面積を S_B [m²] とするとき，S_B を x を用いて表せ．

(3) 辺の長さ x を限りなく大きくするとき，(1), (2) で求めた表面積の比 $\dfrac{S_A}{S_B}$ は

　　一定の値に限りなく近づく．その値を求めよ．

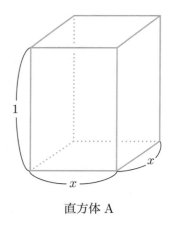

直方体 A

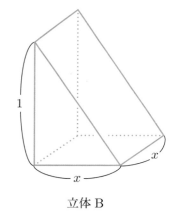

立体 B

第 9 章　微分 1

9.1　微分係数

例題 9.1. $a \neq b$ のとき xy 平面上の 2 点 (a, p), (b, q) を通る直線の傾きを答えよ.

解答：$\dfrac{q - p}{b - a}$

　曲線 $y = f(x)$ の接線について考えてみよう. 点 $(a, f(a))$ での
接線 ℓ の傾きを求めたいが, 接線 ℓ が通る 1 点（接点）しかわか
らない. そこで 2 点 $(a, f(a))$, $(a + h, f(a + h))$ を通る直線 ℓ_h を
考える. すると図からわかるように, h を 0 に限りなく近づけると
ℓ_h は ℓ に限りなく近づいていくので ℓ_h の傾きは ℓ の傾きに収束
するはずである.

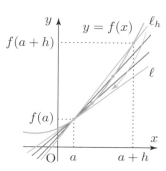

例題 9.2. 曲線 $y = f(x)$ 上の 2 点 $(a, f(a))$, $(a + h, f(a + h))$ を通る直線 ℓ_h の傾きを答えよ.

解答：$\dfrac{f(a + h) - f(a)}{(a + h) - a} = \dfrac{f(a + h) - f(a)}{h}$.

　この値 $\dfrac{f(a + h) - f(a)}{h}$ を x が a から $a + h$ まで変化したときの $y = f(x)$ の**平均変化率**と
いう. $h \to 0$ としたとき, この平均変化率の極限値が存在するならば, 関数 $f(x)$ は $x = a$ で**微
分可能**であるという. またその極限値を $x = a$ における $f(x)$ の**微分係数**といい $f'(a)$ で表す.
すなわち

$$f'(a) = \lim_{h \to 0} \frac{f(a + h) - f(a)}{h}$$

よって点 $(a, f(a))$ における $y = f(x)$ の接線 ℓ の傾きは $f'(a)$ となり ℓ の方程式は次のように
表される.

$$y - f(a) = f'(a)(x - a)$$

例題 9.3. 曲線 $y = x^2$ 上の点 $(3, 9)$ における接線の方程式を求めよ.

解答：$f(x) = x^2$ とおくと $\dfrac{f(3 + h) - f(3)}{h} = \dfrac{(3 + h)^2 - 3^2}{h} = \dfrac{6h + h^2}{h} = 6 + h$ だから
$f'(3) = \lim_{h \to 0} \dfrac{f(3 + h) - f(3)}{h} = \lim_{h \to 0}(6 + h) = 6$ より, 求める方程式は $y - f(3) = f'(3)(x - 3)$,
すなわち $y - 9 = 6(x - 3)$ となる.

9.2　導関数

関数 $y = f(x)$ において各 x に対し，x における $f(x)$ の微分係数 $f'(x)$ を対応させる関数を $f(x)$ の **導関数** と呼び次の記号で表す．導関数を求めることを **微分する** という．

$$y', \qquad f'(x), \qquad (f(x))', \qquad \frac{dy}{dx}, \qquad \frac{df(x)}{dx}, \qquad \frac{d}{dx}f(x)$$

微分するには，前ページの微分係数の定義式で定数 a を変数 x に置き換えて計算すればよい．

$$f'(x) = \lim_{h \to 0} \frac{f(x+h) - f(x)}{h}$$

例題 9.4.　次の関数を定義に従って微分せよ．

(1) $y = c$（定数関数）　(2) $y = x$　(3) $y = x^2$　(4) $y = x^{\frac{1}{2}}$

解答：　(1) $(c)' = \lim_{h \to 0} \dfrac{c-c}{h} = \lim_{h \to 0} 0 = 0.$　　(2) $(x)' = \lim_{h \to 0} \dfrac{(x+h) - x}{h} = \lim_{h \to 0} 1 = 1.$

(3) $\dfrac{(x+h)^2 - x^2}{h} = \dfrac{2xh + h^2}{h} = 2x + h$ より $(x^2)' = \lim_{h \to 0} \dfrac{(x+h)^2 - x^2}{h} = \lim_{h \to 0}(2x+h) = 2x.$

(4) $\dfrac{\sqrt{x+h} - \sqrt{x}}{h} = \dfrac{\sqrt{x+h} - \sqrt{x}}{h} \cdot \dfrac{\sqrt{x+h} + \sqrt{x}}{\sqrt{x+h} + \sqrt{x}} = \dfrac{(x+h) - x}{h(\sqrt{x+h} + \sqrt{x})} = \dfrac{1}{\sqrt{x+h} + \sqrt{x}}$

より $\left(x^{\frac{1}{2}}\right)' = (\sqrt{x})' = \lim_{h \to 0} \dfrac{\sqrt{x+h} - \sqrt{x}}{h} = \lim_{h \to 0} \dfrac{1}{\sqrt{x+h} + \sqrt{x}} = \dfrac{1}{2\sqrt{x}} = \dfrac{1}{2}x^{-\frac{1}{2}}$

実は任意の実数 α について $(x^\alpha)' = \alpha x^{\alpha - 1}$ が成り立つ（63 ページ 例題 11.1 (2) 参照）．

例題 9.5.　次の関数を定義に従って微分せよ．

(1) $y = \sin x$　(2) $y = \cos x$　(3) $y = \log x$　(4) $y = e^x$

解答：　(1) 和・差を積にする公式（29 ページ）より $\sin(x+h) - \sin x = 2\cos\left(x + \dfrac{h}{2}\right) \cdot \sin\dfrac{h}{2}.$

よって $\dfrac{h}{2} = t$ とおくと $\dfrac{\sin(x+h) - \sin x}{h} = \dfrac{2\cos\left(x + \dfrac{h}{2}\right) \cdot \sin\dfrac{h}{2}}{h} = \dfrac{2\cos(x+t) \cdot \sin t}{2t}.$

$\lim_{t \to 0} \cos(x+t) = \cos x,$　$\lim_{t \to 0} \dfrac{\sin t}{t} = 1$ だから　$(\sin x)' = \lim_{h \to 0} \dfrac{\sin(x+h) - \sin x}{h}$

$= \lim_{t \to 0} \dfrac{\cos(x+t) \cdot \sin t}{t} = \lim_{t \to 0} \cos(x+t) \cdot \lim_{t \to 0} \dfrac{\sin t}{t} = \cos x \cdot 1 = \cos x.$

(2) $(\cos x)' = -\sin x$　（練習問題 A9.1）　　(3) $(\log x)' = \dfrac{1}{x}$　（練習問題 A9.2）

(4) ネイピア数 e（45 ページ）は，指数関数 $y = a^x$ の $x = 0$ における微分係数が 1 になるような定数 a を表す．すなわち $\lim_{h \to 0} \dfrac{e^h - 1}{h} = 1$ となる実数である．したがって，

$$(e^x)' = \lim_{h \to 0} \frac{e^{x+h} - e^x}{h} = \lim_{h \to 0} \frac{e^x e^h - e^x}{h} = \lim_{h \to 0} \frac{e^x(e^h - 1)}{h} = e^x \lim_{h \to 0} \frac{e^h - 1}{h} = e^x.$$

微分可能な関数 $f(x)$, $g(x)$ について次の性質が成り立つ．

$$(cf(x))' = cf'(x) \qquad (c \text{ は定数})$$

$$(f(x) \pm g(x))' = f'(x) \pm g'(x) \qquad (\text{複号同順})$$

$$(f(x) \cdot g(x))' = f'(x) \cdot g(x) + f(x) \cdot g'(x) \qquad \text{【積の微分公式】}$$

$$\left(\frac{f(x)}{g(x)}\right)' = \frac{f'(x) \cdot g(x) - f(x) \cdot g'(x)}{\{g(x)\}^2} \quad (g(x) \neq 0) \quad \text{【商の微分公式】}$$

例題 9.6. 次の関数を微分せよ．

(1) $y = 3 \sin x$ (2) $y = e^x + \cos x$ (3) $y = x^3 - \log x$

(4) $y = \log x \cdot \sin x$ (5) $y = \tan x$ (6) $y = x^3 \cdot e^x \cdot \cos x$

解答： (1) $y' = (3 \sin x)' = 3 (\sin x)' = 3 \cos x.$

(2) $y' = (e^x + \cos x)' = (e^x)' + (\cos x)' = e^x + (-\sin x) = e^x - \sin x.$

(3) $y' = (x^3 - \log x)' = (x^3)' - (\log x)' = 3x^2 - \dfrac{1}{x}.$

(4) $y' = (\log x \cdot \sin x)' = (\log x)' \sin x + \log x (\sin x)' = \dfrac{1}{x} \cdot \sin x + \log x \cdot \cos x.$

(5) $y' = (\tan x)' = \left(\dfrac{\sin x}{\cos x}\right)' = \dfrac{(\sin x)' \cos x - \sin x (\cos x)'}{(\cos x)^2}$

$\qquad = \dfrac{\cos x \cdot \cos x - \sin x(-\sin x)}{\cos^2 x} = \dfrac{\cos^2 x + \sin^2 x}{\cos^2 x} = \dfrac{1}{\cos^2 x}.$

(6) $y' = (x^3 \cdot (e^x \cdot \cos x))' = (x^3)'(e^x \cdot \cos x) + x^3 (e^x \cdot \cos x)'$

$\qquad = 3x^2 \cdot e^x \cdot \cos x + x^3 ((e^x)' \cos x + e^x (\cos x)')$

$\qquad = 3x^2 \cdot e^x \cdot \cos x + x^3 \cdot e^x \cdot \cos x + x^3 \cdot e^x \cdot (-\sin x) = e^x(3x^2 \cdot \cos x + x^3 \cdot \cos x - x^3 \cdot \sin x).$

以上から特に次の公式が得られる．

$$(x^\alpha)' = \alpha x^{\alpha-1} \qquad (\log x)' = \frac{1}{x} \qquad (e^x)' = e^x$$

$$(\sin x)' = \cos x \qquad (\cos x)' = -\sin x \qquad (\tan x)' = \frac{1}{\cos^2 x}$$

練習問題 9

A9.1 例題 9.5 (1) の $\sin x$ の微分にならい，$y = \cos x$ を定義に従って微分せよ．

A9.2 $\displaystyle\lim_{k \to 0} \log (1 + k)^{1/k} = \log e$ である．これを使って $y = \log x$ を定義に従って微分せよ．

　　　($k = h/x$ とおくとよい)

A9.3 次の関数を微分せよ．

(1) $y = x^{-1}$ 　　(2) $y = x^{-3}$ 　　(3) $y = x^{-\frac{1}{4}}$ 　　(4) $y = x^{\sqrt{3}}$ 　　(5) $y = x^e$

(6) $y = \dfrac{1}{x^2}$ 　　(7) $y = \sqrt[3]{x}$ 　　(8) $y = x\sqrt{x}$ 　　(9) $y = \dfrac{1}{\sqrt{x}}$ 　　(10) $y = 2$

A9.4 次の関数を微分せよ．

(1) $y = x^3 - 2x^2 + 3x - 4$ 　　(2) $y = a \sin x + b \cos x$ 　　(a, b は定数)

A9.5 次の関数を微分せよ．

(1) $y = x \cdot \sin x$ 　　(2) $y = x^2 \cdot e^x$ 　　(3) $y = \log x \cdot \cos x$ 　　(4) $y = \sin x \cdot \cos x$

(5) $y = \dfrac{x^2}{\sin x}$ 　　(6) $y = \dfrac{\log x}{e^x}$ 　　(7) $y = \dfrac{e^x}{\log x}$ 　　(8) $y = \dfrac{1}{\tan x}$

A9.6 $(x^\alpha)' = ax^{\alpha - 1}$ (α は実数)，$(\cos x)' = -\sin x$，$(e^x)' = e^x$，$(\log x)' = \dfrac{1}{x}$

　　　であることを用いて，次の曲線の指定された点における接線の方程式を求めよ．

(1) $y = x^3$ 　$(2, 8)$ 　　(2) $y = \cos x$ 　$\left(\dfrac{\pi}{3}, \dfrac{1}{2}\right)$ 　　(3) $y = e^x$ 　$(2, e^2)$

(4) $y = \sqrt{x}$ 　$(3, \sqrt{3})$ 　　(5) $y = \log x$ 　$(2, \log 2)$ 　　(6) $y = \dfrac{1}{x\sqrt{x}}$ 　$\left(4, \dfrac{1}{8}\right)$

A9.7 $(\log_a x)' = \dfrac{1}{x \log a}$ を示せ．

B9.1 次の関数を微分せよ． 　　(1) $y = x \cdot e^x \cdot \cos x$ 　　(2) $y = x \cdot \cos x \cdot \log x$

B9.2 積の微分公式 (57 ページ) を用いて $(f \cdot g \cdot h)' = f' \cdot g \cdot h + f \cdot g' \cdot h + f \cdot g \cdot h'$ を示せ．

第 10 章　微分 2

10.1　合成関数の微分法

合成関数の微分は次のように与えられる.

$y = f(t)$, $t = g(x)$ がそれぞれ t, x の微分可能な関数である
とき, x の関数 $y = f(g(x))$ の導関数は次で与えられる.

$y' = \dfrac{dy}{dx} = \dfrac{dy}{dt} \cdot \dfrac{dt}{dx}$　すなわち

$y' = f'(t) \cdot t' = f'(t) \cdot g'(x) = f'(g(x)) \cdot g'(x).$

$$\begin{array}{c}
f(g(x)) \\
y \leftarrow \overset{f}{\quad} t \leftarrow \overset{g}{\quad} x
\end{array}$$

$$\begin{aligned}
\frac{dy}{dx} &= \frac{dy}{dt} \times \frac{dt}{dx} \\
&= f'(t) \times t' \\
&= f'(t) \times g'(x) \\
&= f'(g(x)) \times g'(x)
\end{aligned}$$

計算するにはまず $g(x)$ に当たる関数を t や ◯ で置き換え, $f'(t)$ に t' を掛ける（下例参照）.
そして t を $g(x)$ に戻して $g'(x)$ を計算する.

$$\begin{aligned}
(\,t^{\alpha}\,)' &= \alpha\, t^{\alpha-1} \cdot t\,' & (\sin t)' &= \cos t \cdot t\,' \\
(\,e^{t}\,)' &= e^{t} \cdot t\,' & (\cos t)' &= -\sin t \cdot t\,' \\
(\log t)' &= \frac{1}{t} \cdot t\,' & (\tan t)' &= \frac{1}{\cos^2 t} \cdot t\,'
\end{aligned}$$

例題 10.1. 次の関数を微分せよ.　(1) $y = (x^2 + 1)^4$　(2) $y = \sqrt{3x + 2}$　(3) $y = \dfrac{1}{\cos x}$

解答：(1) $y = (x^2 + 1)^4$

$\quad = t^4$

$y' = 4\,t^3 \cdot t\,'$

$\quad = 4(x^2 + 1)^3 \cdot (x^2 + 1)'$

$\quad = 4(x^2 + 1)^3 \cdot 2x$

$\quad = 8x(x^2 + 1)^3$

(2) $y = \sqrt{3x + 2} = \sqrt{t}$

$\quad = t^{\frac{1}{2}}$

$y' = \dfrac{1}{2}\,t^{-\frac{1}{2}} \cdot t\,'$

$\quad = \dfrac{1}{2}(3x + 2)^{-\frac{1}{2}} \cdot (3x + 2)'$

$\quad = \dfrac{1}{2}(3x + 2)^{-\frac{1}{2}} \cdot 3$

$\quad = \dfrac{3}{2\sqrt{3x + 2}}$

(3) $y = \dfrac{1}{\cos x} = \dfrac{1}{t}$

$\quad = t^{-1}$

$y' = -\,t^{-2} \cdot t\,'$

$\quad = -(\cos x)^{-2} \cdot (\cos x)'$

$\quad = -(\cos x)^{-2} \cdot (-\sin x)$

$\quad = \dfrac{\sin x}{\cos^2 x}$

例題 10.2. 次の関数を微分せよ. (1) $y = \tan(x^3 + 2)$ (2) $y = \log 3x$ (3) $y = e^{\sin x}$

解答：(1) $y = \tan(\overset{t}{\overbrace{x^3 + 2}})$

$= \tan t$

$y' = \dfrac{1}{\cos^2 t} \cdot t'$

$= \dfrac{1}{\cos^2(x^3+2)} \cdot (x^3+2)'$

$= \dfrac{1}{\cos^2(x^3+2)} \cdot 3x^2$

$= \dfrac{3x^2}{\cos^2(x^3+2)}$

(2) $y = \log \overset{t}{3x}$

$= \log t$

$y' = \dfrac{1}{t} \cdot t'$

$= \dfrac{1}{3x} \cdot (3x)'$

$= \dfrac{1}{3x} \cdot 3$

$= \dfrac{1}{x}$

(3) $y = e^{\overset{t}{\sin x}}$

$= e^t$

$y' = e^t \cdot t'$

$= e^{\sin x} \cdot (\sin x)'$

$= e^{\sin x} \cdot \cos x$

例題 10.3. 次の関数を微分せよ. (1) $y = \sin(xe^x)$ (2) $y = (x\cos x)^3$

解答：(1) $y = \sin(\overset{t}{xe^x})$

$= \sin t$

$y' = \cos t \cdot t'$

$= \cos(xe^x) \cdot (xe^x)'$

$= \cos(xe^x) \cdot (e^x + xe^x)$

$= (x+1)e^x \cos(xe^x)$

(2) $y = (\overset{t}{x\cos x})^3$

$= t^3$

$y' = 3t^2 \cdot t'$

$= 3(x\cos x)^2 \cdot (x\cos x)'$

$= 3(x\cos x)^2 \cdot (\cos x - x\sin x)$

例題 10.4. 次の関数を微分せよ. (1) $y = e^{3x} \cdot \tan 2x$ (2) $y = \dfrac{\sin(x^2+3)}{x^3+1}$

解答： (1) $y' = (e^{3x})' \cdot \tan 2x + e^{3x} \cdot (\tan 2x)' = (3x)' \cdot e^{3x} \cdot \tan 2x + e^{3x} \cdot (2x)' \cdot \dfrac{1}{\cos^2 2x}$

$= 3e^{3x} \cdot \tan 2x + 2e^{3x} \cdot \dfrac{1}{\cos^2 2x}$

(2) $y' = \dfrac{(\sin(x^2+3))' \cdot (x^3+1) - \sin(x^2+3) \cdot (x^3+1)'}{(x^3+1)^2}$

$= \dfrac{\cos(x^2+3) \cdot (x^2+3)' \cdot (x^3+1) - \sin(x^2+3) \cdot 3x^2}{(x^3+1)^2}$

$= \dfrac{2x(x^3+1)\cos(x^2+3) - 3x^2 \sin(x^2+3)}{(x^3+1)^2}$

例題 10.5. 次の関数を微分せよ. (1) $y = \log |x|$ (2) $y = a^x$ $(a > 0, a \neq 1)$

解答: (1) $x > 0$ のときは $y = \log |x| = \log x$ より $y' = \dfrac{1}{x}$.

$x < 0$ のとき $y = \log |x| = \log (-x)$ より $t = -x$ とすると $y = \log t$ だから

$y' = \dfrac{1}{t} \cdot t' = \dfrac{1}{-x} \cdot (-x)' = -\dfrac{1}{x} \cdot (-1) = \dfrac{1}{x}$. したがって, $y' = (\log |x|)' = \dfrac{1}{x}$.

(2) $a = e^{\log a}$ より $a^x = (e^{\log a})^x = e^{x \log a}$ である. $t = x \log a$ とすると $y = e^t$ だから

$y' = e^t \cdot t' = e^{x \log a} \cdot (x \log a)' = e^{x \log a} \cdot \log a = a^x \cdot \log a$.

例題 10.6. 関数 $y = (\log (\sin x))^5$ を微分せよ.

解説: $t = \log (\sin x)$ とおくと $y = t^5$ だから $y' = \dfrac{dy}{dx} = \dfrac{dy}{dt} \cdot \dfrac{dt}{dx} \cdots (1)$. さらに

$u = \sin x$ とおくと $t = \log u$ だから $\dfrac{dt}{dx} = \dfrac{dt}{du} \cdot \dfrac{du}{dx}$. これを (1) に代入すると次が得られる.

$y = f(t)$, $t = g(u)$, $u = h(x)$ がそれぞれ
t, u, x の微分可能な関数であるとき
x の関数 $y = f(g(h(x)))$ の導関数は
次で与えられる. $y' = \dfrac{dy}{dx} = \dfrac{dy}{dt} \cdot \dfrac{dt}{du} \cdot \dfrac{du}{dx}$
すなわち $y' = f'(t) \cdot g'(u) \cdot h'(x)$
$= f'(g(h(x))) \cdot g'(h(x)) \cdot h'(x)$

$$\begin{array}{ccccccc}
 & & & f(g(h(x))) & & & \\
y & \xleftarrow{\ f\ } & t & \xleftarrow{\ g\ } & u & \xleftarrow{\ h\ } & x \\
\dfrac{dy}{dx} & = & \dfrac{dy}{dt} & \times & \dfrac{dt}{du} & \times & \dfrac{du}{dx} \\
 & = & f'(t) & \times & g'(u) & \times & h'(x) \\
 & = & f'(g(h(x))) & \times & g'(h(x)) & \times & h'(x)
\end{array}$$

よって $y = t^5$, $t = \log u$, $u = \sin x$ より次のようになる.

$y' = (t^5)' \cdot (\log u)' \cdot (\sin x)' = 5t^4 \cdot \dfrac{1}{u} \cdot \cos x = 5(\log (\sin x))^4 \cdot \dfrac{1}{\sin x} \cdot \cos x$.

または合成関数の微分法を 2 回使って次のようにもできる.

$y' = 5(\log (\sin x))^4 \cdot (\log (\sin x))' = 5(\log (\sin x))^4 \cdot \dfrac{1}{\sin x} \cdot (\sin x)' = 5(\log (\sin x))^4 \cdot \dfrac{1}{\sin x} \cdot \cos x$.

練習問題 10

A10.1 次の関数を微分せよ.

(1) $y = (x^5 - 2x + 1)^6$ 　　(2) $y = \dfrac{1}{2x + 1}$ 　　(3) $y = \sqrt{\sin x}$ 　　(4) $y = \sqrt{5x^2 + 1}$

(5) $y = \cos(x^3 + 1)$ 　　(6) $y = \log(1 - x^2)$ 　　(7) $y = e^{x^2}$ 　　(8) $y = \tan(x^2 + 1)$

(9) $y = \sin(\log x)$ 　　(10) $y = \tan(\cos x)$ 　　(11) $y = e^{\cos x}$ 　　(12) $y = \log(\tan x)$

(13) $y = \sin 2x$ 　　(14) $y = \sin^2 x$ 　　(15) $y = \cos 3x$ 　　(16) $y = \cos^3 x$

(17) $y = \cos(x \log x)$ 　　(18) $y = \log(x \cos x)$ 　　(19) $y = e^{x \sin x}$ 　　(20) $y = \tan(xe^x)$

A10.2 次の関数を微分せよ.

(1) $y = e^{2x} \cdot \cos 3x$ 　　(2) $y = \dfrac{e^{x^2}}{\log x}$ 　　(3) $y = \dfrac{e^{\frac{1}{x}}}{x^2 + 1}$ 　　(4) $y = \log\left(x + \sqrt{x^2 + 1}\right)$

B10.1 次の関数を微分せよ.

(1) $y = (\sin(\log x))^4$ 　　(2) $y = (\log(\sin x))^4$ 　　(3) $y = \log(\sin(xe^x))$

C10.1 半径が R の球の体積 V は, $V = \dfrac{4}{3}\pi R^3$ で求められることが知られている. 球形の風船があり, それに気体を入れて膨らませる. t 秒後における風船の半径を R [cm], 体積を V [cm³] とし, 気体を入れる割合が $\dfrac{dV}{dt} = 20$ [cm³/秒] のとき, 次の問いに答えよ. ただし, 気体は膨張や収縮はしないものとし, 風船は膨らむときも常に球形を保つとする. また答えは近似値ではなく π を用いて表せ.

(1) $R = 10$ [cm] のとき, 風船に入っている気体の体積 V を求めよ.

(2) $R = 10$ [cm] となる瞬間において, R の増加する割合 $\left(\dfrac{dR}{dt}\right)$ は何 [cm/秒] か求めよ.

第11章 微分3

11.1 逆関数の微分法

微分可能で $f'(x) \neq 0$ である関数 $y = f(x)$ が逆関数 $y = f^{-1}(x)$ をもつとき,$f(f^{-1}(x)) = x$ であるから両辺を x で微分すると $f'(f^{-1}(x)) \cdot (f^{-1}(x))' = 1$,すなわち $f'(y)(f^{-1}(x))' = 1$ であるから次の性質が成り立つ.

$$(f^{-1}(x))' = \frac{1}{f'(y)} \qquad \frac{dy}{dx} = \frac{1}{\dfrac{dx}{dy}} \qquad ただし \qquad \frac{dx}{dy} \neq 0.$$

ここで $(e^x)' = e^x$ であること,$y = \log x$ は $y = e^x$ の逆関数であることを使って $(\log x)'$ を求めてみよう.まず $y = \log x$ より $x = e^y$ である.この両辺を y で微分すると $\dfrac{dx}{dy} = e^y$ となるから,$(\log x)' = \dfrac{dy}{dx} = \dfrac{1}{\dfrac{dx}{dy}} = \dfrac{1}{e^y} = \dfrac{1}{x}$ を得る.

11.2 対数微分法

関数 $y = f(x)$ の両辺の対数をとると $\log y = \log f(x)$ となる.この両辺を x で微分して $y = f(x)$ の導関数を求める方法を**対数微分法**という*.

例題 11.1. 次の関数を微分せよ.

    (1) $y = a^x$ $(a > 0,\ a \neq 1)$ (2) $y = x^\alpha$ $(x > 0)$ (3) $y = x^x$ $(x > 0)$

解答: いずれも両辺の対数をとって x で微分する.

(1) $\log y = \log a^x = x \log a$ から $\dfrac{y'}{y} = \log a$ を得るので $y' = y \log a = a^x \cdot \log a$.

(2) $\log y = \log x^\alpha = \alpha \log x$ から $\dfrac{y'}{y} = \dfrac{\alpha}{x}$ を得るので $y' = \dfrac{\alpha y}{x} = \dfrac{\alpha x^\alpha}{x} = \alpha x^{\alpha - 1}$.

(3) $\log y = \log x^x = x \log x$ から $\dfrac{y'}{y} = (x)' \cdot \log x + x \cdot (\log x)' = 1 \cdot \log x + x \cdot \dfrac{1}{x} = \log x + 1$ を得るので $y' = y \cdot (\log x + 1) = x^x \cdot (\log x + 1)$.

---

* $y = f(x)$ が負の値をとるときは $\log |y| = \log |f(x)|$ を考える.

11.3　陰関数とその導関数

$x^2 + y^2 - 1 = 0$ や $x^3 - 3xy + y^3 = 0$ といった関係式 $f(x, y) = 0$ を満たす[†] 関数 $y = y(x)$ を，関係式 $f(x, y) = 0$ によって定まる**陰関数**という．たとえば関数 $y = \sqrt{1 - x^2}$ は関係式 $x^2 + y^2 - 1 = 0$ によって定まる陰関数の 1 つである．陰関数の導関数は y を x の関数とみなして，合成関数の微分法を使って関係式の両辺を x で微分して得られる．

例題 11.2. 次の式で定まる陰関数 $y = y(x)$ の導関数を求めよ．

(1) $x^2 + y^2 - 1 = 0$ 　　(2) $x^2 + xy^2 + y^3 = 1$ 　　(3) $e^{xy} = x + y$

解答：(1) 両辺を x で微分すると $2x + 2y \cdot y' = 0$ だから $y' = -\dfrac{x}{y}$ $(y \neq 0)$[‡]．

(2) 両辺を x で微分すると $2x + (x)'y^2 + x(y^2)' + 3y^2 \cdot y' = 0$, すなわち

$2x + y^2 + 2xy \cdot y' + 3y^2 \cdot y' = 0$ だから $y' = -\dfrac{2x + y^2}{2xy + 3y^2}$ $(2xy + 3y^2 \neq 0)$.

(3) 両辺を x で微分すると $e^{xy}(xy)' = 1 + y'$. ここで $(xy)' = (x)'y + x(y)' = y + xy'$ だから

$e^{xy}(y + xy') = 1 + y' \Leftrightarrow y'(xe^{xy} - 1) = 1 - ye^{xy}$ となり $y' = \dfrac{1 - ye^{xy}}{xe^{xy} - 1}$ $(xe^{xy} \neq 1)$.

例題 11.3. 曲線 $x^2 + xy^2 + y^3 = 1$ の点 $(1, -1)$ における接線の方程式を求めよ．

解答：$x^2 + xy^2 + y^3 = 1$ で定まる陰関数を $y = f(x)$ とすると 上の例題より

$f'(x) = -\dfrac{2x + y^2}{2xy + 3y^2}$ $(2xy + 3y^2 \neq 0)$ だから，求める方程式は

$y - (-1) = -\dfrac{2 \cdot 1 + (-1)^2}{2 \cdot 1(-1) + 3(-1)^2}(x - 1)$, すなわち $y = -3x + 2$.

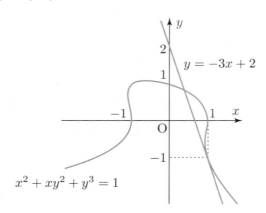

[†] $f(x, y)$ は 2 つの変数 x, y を含む式を表す．
[‡] $y = 0$ のとき，y' は存在しない．

練習問題 11

A11.1　関数 $y = \sqrt{x}$ について，次の問いに答えよ．

(1) x を y で表せ．　　(2) (1) の両辺を y で微分して，$\dfrac{dy}{dx}$ を y で表せ．

A11.2　次の関数を微分せよ．

(1) $y = x^{2x}$　　　　　　(2) $y = (x+1)^x$　　　　(3) $y = (\sin x)^x$

A11.3　次の式で定まる陰関数 $y = y(x)$ の導関数を求めよ．

(1) $x + y^3 = 1$　　　(2) $x^3 - y^3 = 1$　　　(3) $x^3 - 3xy + y^3 = 0$

(4) $\sin(xy^2) = y$　　(5) $e^{xy} - y = 0$　　　(6) $xy(x+y) - 1 = 0$

C11.1　正の実数 a, b に対して，$\dfrac{x^2}{a^2} + \dfrac{y^2}{b^2} = 1$ という陰関数で表される図形をだ円という．

$\dfrac{x^2}{4} + \dfrac{y^2}{9} = 1$ で表されるだ円について，次の問いに答えよ．

(1) 点 $(1, t)$ がこのだ円上にあるとき，t の値をすべて求めよ．

(2) このだ円について，$\dfrac{dy}{dx}$ を求めよ．

（注）下図のように，円錐や円柱を斜めに切り取ると，切り口にだ円が現れることが知ら

　　れている．

第 12 章　微分 4

実数 a, b に対し $a < x < b$, $a \leqq x < b$, $x \leqq b$ のような不等式を満たす実数 x の範囲を**区間**という．また $a < x < b$ を満たす実数 x の集合を**開区間**といい，実数 c を含む開区間を c の**近傍**という．

12.1　関数の増減と極大・極小

関数 $y = f(x)$ のグラフが右上がり（右下がり）であることを数学的に定義しよう．

区間 I の任意の 2 点 x_1, x_2 $(x_1 < x_2)$ に対し
(1) $f(x_1) < f(x_2)$ となるとき $f(x)$ は I で**増加**という．
(2) $f(x_1) > f(x_2)$ となるとき $f(x)$ は I で**減少**という．

$y = f(x)$ が区間 I で増加かどうかは導関数の正負を見る．

区間 I において　(1) $f'(x) > 0$ ならば $f(x)$ は I で増加．
(2) $f'(x) < 0$ ならば $f(x)$ は I で減少．
(3) $f'(x) = 0$ ならば $f(x)$ は I で一定．

例題 12.1. 関数 $y = x^3 + 3x^2 - 1$ の増減を調べよ．

解説： y' の値の正負を調べる．まず $y' = 0$ となる x を求め，それ以外の区間での y' の値の正負を見る．すると $y' = 3x^2 + 6x$ $= 3x(x + 2)$ だから $y' = 0$ となる x は $x = -2, 0$ で，それ以外の区間では $x < -2$, $0 < x$ のとき $y' > 0$，$-2 < x < 0$ のとき $y' < 0$ である（右図参照）．

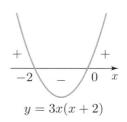

$$y = 3x(x + 2)$$

よって y' の符号および y の増減は右のようになる．
このような表を**増減表**という．
重要なのは y' の値が正か負か 0 かということである．

x	$\cdots$	-2	$\cdots$	0	$\cdots$
y'	$+$	0	$-$	0	$+$
y	$\nearrow$	3	$\searrow$	-1	$\nearrow$

増減表の1行目には x の値をおくが $y' = 0$ となる値のみを明記し，それ以外の区間は $\cdots$ で表す*．また3行目には y の値をおくが y' が正であれば増加を表す ↗ を，負であれば減少を表す ↘ を，0であればその x における y の値を入れる．

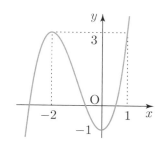

ところで $x > 0$ では y の値は増加するので，$x > 1$ では $y > 3$ である（増減表と右図の $y = x^3 + 3x^2 - 1$ のグラフを参照）．よって，$x = -2$ において y の値が最大となるわけではないが，$x = -2$ の近くだけにしぼれば最大である．このように y の値が局所的に最大（最小）である点 (x, y) を極大点（極小点）という．

関数 $f(x)$ が点 a の近傍で定義されているとする．

(1) a のある近傍で $f(x) < f(a)$ $(x \neq a)$ となるとき $f(x)$ は $x = a$ で**極大である** という．
このとき $f(a)$ の値を**極大値**，点 $(a, f(a))$ を**極大点**という．

(2) a のある近傍で $f(x) > f(a)$ $(x \neq a)$ となるとき $f(x)$ は $x = a$ で**極小である** という．
このとき $f(a)$ の値を**極小値**，点 $(a, f(a))$ を**極小点**という．

極大値と極小値をあわせて**極値**という．極値をとるかどうかは $f'(x)$ の符号の変化を見る．

$f'(a) = 0$ であるとき 点 a の近傍で a を境に

(1) $f'(x)$ の符号が「正から負に」変化すれば $f(x)$ は $x = a$ で極大．

(2) $f'(x)$ の符号が「負から正に」変化すれば $f(x)$ は $x = a$ で極小．

よって増減表より $y = x^3 + 3x^2 - 1$ は $x = -2$ で極大値 3 を，$x = 0$ で極小値 -1 をとる．

$x = a$ で極値をとるならば $f'(a) = 0$ であるが，逆が成り立つとは限らない．

例題 12.2. 関数 $y = x^3$ の増減を調べよ．

答：$y' = 3x^2$ だから $x = 0$ で $y' = 0$ で，0 以外の x については y' は正である．よって増減表は右のようになる．つまり $y = x^3$ は常に増加する関数で，極値をとらない．

x	$\cdots$	0	$\cdots$
y'	$+$	0	$+$
y	↗	0	↗

このように $f'(a) = 0$ であっても $f(a)$ が極値になるとは限らない．$x = a$ を境にして $f'(x)$ の符号が変わらないと $f(a)$ は極値ではないのである．

---

*したがって，前ページの増減表の3つの $\cdots$ は左からそれぞれ区間 $x < -2$, $-2 < x < 0$, $0 < x$ を表している．

12.2 不等式への応用

関数の増減を調べることは，不等式の証明に応用することができる．

例題 12.3. 次の不等式を示せ． (1) $e^x > 1 + x$ $(x > 0)$ (2) $x^4 - 4x^3 + 27 \geqq 0$ $(x > 0)$

解説： (1) $f(x) = e^x - (1 + x)$ とおいて $x > 0$ のとき $f(x) > 0$ であることを示せばよい．

$f'(x) = e^x - 1$ であり $x > 0$ のとき $e^x > 1$ だから $f'(x) > 0$ である．

したがって $x > 0$ で $f(x)$ は増加するので $f(x) > f(0)$．

ここで $f(0) = e^0 - (1 + 0) = 0$ だから $f(x) > f(0) = 0$．

(2) $f(x) = x^4 - 4x^3 + 27$ とおいて $x > 0$ のとき $f(x) \geqq 0$ であることを示せばよい．

$f'(x) = 4x^3 - 12x^2 = 4x^2(x - 3)$ で

$x > 0$ のとき $4x^2 > 0$ だから増減表は右のようになる．

したがって，$f(x)$ は $x = 3$ で最小値 0 をとるので

$x > 0$ のとき $f(x) \geqq f(3) = 0$．

x	0	$\cdots$	3	$\cdots$
$f'(x)$		$-$	0	$+$
$f(x)$	27	$\searrow$	0	$\nearrow$

練習問題 12

A12.1 次の関数の増減を調べよ．

(1) $y = x^3 - 6x^2 + 9x - 4$ (2) $y = x^5 - 5x + 2$ (3) $y = e^{-x^2}$

(4) $y = x + \dfrac{1}{x}$ (5) $y = \dfrac{1 - x^2}{1 + x^2}$ (6) $y = xe^{2x}$

A12.2 次の不等式を示せ． (1) $e^{-x} > 1 - x$ $(x > 0)$ (2) $2\sqrt{x} > \log x$ $(x > 0)$

C12.1 底面が正方形で，容積が 4 [m³] の直方体状の容器を作る（ふたはないものとする）．

底面の正方形の 1 辺の長さを x [m] とするとき，次の問いに答えよ．

(1) 容器の高さを x を用いて表せ．

(2) 底面積と側面積の和を x を用いて表せ．

(3) 底面積と側面積の和が最小となるような x の値を求めよ．

C12.2　1辺が 1 [m] の正方形の鉄板がある．この鉄板の 4 隅から 1 辺の長さが x [m] の

　　　　正方形を切り離し，下図の点線部分を折り曲げてふたのない入れ物を作る．この

　　　　とき，次の問いに答えよ．ただし，鉄板の厚みは考えないものとする．

(1) 入れ物の容積を x を用いて表せ．

(2) 入れ物の容積が最大となるような x の値を求めよ．

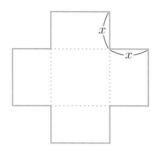

第13章　微分5

ここでは関数の第 1, 2 次導関数から関数の増減や曲線の凹凸を把握し，グラフの概形を描く.

13.1　曲線の凹凸と変曲点

接線の傾きに着目して曲線を見ると

下に突き出ている曲線では徐々に増加し，

上に突き出ている曲線では徐々に減少している.

そこで曲線の凹凸（おうとつ）を定義する*.

曲線 $y = f(x)$ について，区間 I において x の増加にともない

接線の傾き $f'(x)$ が増加するとき，曲線 $y = f(x)$ は区間 I において**下に凸**であるという.

接線の傾き $f'(x)$ が減少するとき，曲線 $y = f(x)$ は区間 I において**上に凸**であるという.

$f(x)$ の増加・減少は $f'(x)$ の正負を見ればよいから，

$f'(x)$ の増加・減少は $(f'(x))' = f''(x)$ の正負を見ればよい. したがって，次の性質が得られる.

区間 I において　(1) $f''(x) > 0$ ならば $f(x)$ は I で下に凸である.

　　　　　　　　(2) $f''(x) < 0$ ならば $f(x)$ は I で上に凸である.

曲線の凹凸が入れ替わる境の点を**変曲点**という. 点 $(a, f(a))$ が変曲点かどうかは $f''(x)$ の符号の変化を見る.

$f''(a) = 0$ であるとき 点 a の近傍で a を境に

$f''(x)$ の符号が変化すれば点 $(a, f(a))$ は変曲点である.

例題 13.1. 関数 $y = x^3 + 3x^2 - 1$ の増減および曲線の凹凸を調べて，グラフの概形を描け

（参考：例題 12.1）

解説：$f''(x)$ の符号を含めて増減・凹凸表を作成し，関数の増減・極値および曲線の凹凸・変曲点を調べる. $y' = 3x^2 + 6x$ だから $y'' = 6x + 6$ である. したがって，$y'' = 0$ となる x は $x = -1$ で，$x < -1$ のとき $y'' < 0$ であり，$-1 < x$ のとき $y'' > 0$ である. よって y'' の符号から曲線の凹凸がわかるが，y の増減も加味するとそれぞれ 2 通りに分かれる.

---

* 凹とはへこんでいる，凸とは突き出ているということだが，凹は下に突き出ているととらえることもできるので下に凸ともいえる. 数学では上に凸，下に凸といういい方をする.

そこで下に凸の状態での増加・減少を ↗・↘ で表し，上に凸の状態での増加・減少を ↗・↘ で表すことにすると，増減・凹凸表は左下のようになる．さらに $\lim\limits_{x \to \pm\infty} (x^3 + 3x^2 - 1) =$

$\lim\limits_{x \to \pm\infty} x^3 \left(1 + \dfrac{3}{x} - \dfrac{1}{x^3}\right) = \pm\infty$（複号同順）であるからグラフの概形は右下のようになる．

x	$\cdots$	-2	$\cdots$	-1	$\cdots$	0	$\cdots$
y'	$+$	0	$-$	$-$	$-$	0	$+$
y''	$-$	$-$	$-$	0	$+$	$+$	$+$
y	↗	3 極大	↘	1 変曲点	↘	-1 極小	↗

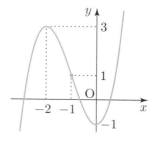

例題 13.2. 関数 $y = x + \dfrac{1}{x}$ の増減および曲線の凹凸を調べて，グラフの概形を描け．

解説：$y' = 1 - \dfrac{1}{x^2} = \dfrac{x^2 - 1}{x^2}$, $y'' = \dfrac{2}{x^3}$ より増減・凹凸表は左下のようになるから $x = -1$ で極大値 -2, $x = 1$ で極小値 2 をとり，変曲点はない．また $\lim\limits_{x \to \pm\infty} \dfrac{1}{x} = 0$ より $x \to \pm\infty$ のときこの曲線は直線 $y = x$ に限りなく近づく．さらに $\lim\limits_{x \to +0} \left(x + \dfrac{1}{x}\right) = \infty$, $\lim\limits_{x \to -0} \left(x + \dfrac{1}{x}\right) = -\infty$ より，直線 $y = x$ と y 軸はこの曲線の漸近線である．よってグラフの概形は右下のようになる．

x	$\cdots$	-1	$\cdots$	0	$\cdots$	1	$\cdots$
y'	$+$	0	$-$	/	$-$	0	$+$
y''	$-$	$-$	$-$	/	$+$	$+$	$+$
y	↗	-2 極大	↘	/	↘	2 極小	↗

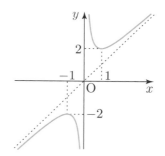

13.2 高次導関数

関数 $y = f(x)$ の導関数 $f'(x)$ を**第 1 次導関数**ともいう．

$f'(x)$ の導関数を $f(x)$ の**第 2 次導関数**といい y'', $f''(x)$, $\dfrac{d^2 y}{dx^2}$, $\dfrac{d^2}{dx^2} f(x)$ などと表す．

$f''(x)$ の導関数を $f(x)$ の**第 3 次導関数**といい $y^{(3)}$, $f^{(3)}(x)$, $\dfrac{d^3 y}{dx^3}$, $\dfrac{d^3}{dx^3} f(x)$ などと表す．

一般に，自然数 n に対して関数 $y = f(x)$ を n 回微分することによって得られる関数を $y = f(x)$ の**第 n 次導関数**といい $y^{(n)}$, $f^{(n)}(x)$, $\dfrac{d^n y}{dx^n}$, $\dfrac{d^n}{dx^n} f(x)$ などと表す．

72

また第 n 次導関数 $f^{(n)}(x)$ の $x=a$ での値 $f^{(n)}(a)$ を $x=a$ での第 n 次微分係数という.

2 次以上の導関数と微分係数を総称してそれぞれ高次導関数, 高次微分係数という.

例題 13.3. 次の関数の第 3 次までの導関数を求めよ.
 (1) $y = \sin 2x$ (2) $y = e^{x^2+3}$ (3) $y = e^x \cdot \cos 2x$

解答: (1) $y' = 2\cos 2x$, $y'' = -4\sin 2x$, $y^{(3)} = -8\cos 2x$.

(2) $y' = 2xe^{x^2+3}$, $y'' = (2x)'e^{x^2+3} + (2x)(x^2+3)'e^{x^2+3} = (4x^2+2)e^{x^2+3}$,

$\quad y^{(3)} = (4x^2+2)'e^{x^2+3} + (4x^2+2)(x^2+3)'e^{x^2+3} = 4x(2x^2+3)e^{x^2+3}$.

(3) $y' = (e^x)'\cos 2x + e^x(\cos 2x)' = e^x\cos 2x + e^x(2x)'(-\sin 2x) = e^x(\cos 2x - 2\sin 2x)$,

$\quad y'' = (e^x)'(\cos 2x - 2\sin 2x) + e^x(\cos 2x - 2\sin 2x)'$

$\quad\quad = e^x(\cos 2x - 2\sin 2x) + e^x(-2\sin 2x - 4\cos 2x) = -e^x(3\cos 2x + 4\sin 2x)$,

$\quad y^{(3)} = (-e^x)'(3\cos 2x + 4\sin 2x) - e^x(3\cos 2x + 4\sin 2x)'$

$\quad\quad = -e^x(3\cos 2x + 4\sin 2x) - e^x(-6\sin 2x + 8\cos 2x) = -e^x(11\cos 2x - 2\sin 2x)$.

例題 13.4. $f(x) = \cos 3x$ の $x = \dfrac{\pi}{3}$ での第 2 次微分係数 $f''\left(\dfrac{\pi}{3}\right)$ を求めよ.

解答: $f'(x) = -3\sin 3x$, $f''(x) = -9\cos 3x$ より $f''\left(\dfrac{\pi}{3}\right) = -9\cos\left(3\cdot\dfrac{\pi}{3}\right) = -9\cos\pi = 9$.

例題 13.5. 関数 $y = e^x\sin x$ が $y'' - 2y' + 2y = 0$ を満たすことを示せ.

解答: $y' = (e^x)'\sin x + e^x(\sin x)' = e^x\sin x + e^x\cos x = e^x(\sin x + \cos x)$,

$y'' = (e^x)'(\sin x + \cos x) + e^x(\sin x + \cos x)' = e^x(\sin x + \cos x) + e^x(\cos x - \sin x)$

$\quad = 2e^x\cos x$ だから $y'' - 2y' + 2y = 2e^x\cos x - 2e^x(\sin x + \cos x) + 2e^x\sin x = 0$.

練習問題 13

A13.1 次の関数の増減および曲線の凹凸を調べて, グラフの概形を描け.

ただし, 下に挙げた極限を用いてよい.

 (1) $y = x^2 - 4x + 3$ (2) $y = -x^2 + 2x + 3$ (3) $y = x^3 - 6x^2 + 9x - 4$

 (4) $y = x^4 - 4x^3 + 15$ (5) $y = xe^{-x}$ (6) $y = e^{-x^2}$

$\displaystyle\lim_{x\to\infty} xe^{-x} = 0$, $\displaystyle\lim_{x\to-\infty} xe^{-x} = -\infty$, $\displaystyle\lim_{x\to\infty} e^{-x^2} = 0$, $\displaystyle\lim_{x\to-\infty} e^{-x^2} = 0$.

A13.2　次の関数の 3 次までの導関数を求めよ.

(1) $y = x^4 + x^2 + 1$　　　(2) $y = e^{-2x}$　　　(3) $y = \cos 3x$　　　(4) $y = e^x \cdot \sin x$

B13.1　次の関数の増減および曲線の凹凸を調べて, グラフの概形を描け.

　　ただし, 下に挙げた極限を用いてよい.

(1) $y = x - 2\sin x$　　$(0 \leqq x \leqq 2\pi)$　　　(2) $y = (\log x)^2$

(3) $y = x - \sqrt{x+1}$　　　　　　　　　　(4) $y = \dfrac{2x}{x^2 + 1}$

$$\lim_{x \to \infty} (\log x)^2 = \infty, \qquad \lim_{x \to +0} (\log x)^2 = \infty, \qquad \lim_{x \to \infty} \left(x - \sqrt{x+1} \right) = \infty,$$

$$\lim_{x \to \infty} \frac{2x}{x^2 + 1} = 0, \qquad \lim_{x \to -\infty} \frac{2x}{x^2 + 1} = 0.$$

B13.2　次の微分係数を求めよ.

(1) $f(x) = \cos x$ の $x = 0$ での第 3 次微分係数 $f^{(3)}(0)$.

(2) $f(x) = \log(x+1)$ の $x = 1$ での第 3 次微分係数 $f^{(3)}(1)$.

(3) $f(x) = \sin^3 x$ の $x = \dfrac{\pi}{4}$ での第 2 次微分係数 $f''\left(\dfrac{\pi}{4}\right)$.

(4) $f(x) = e^x \cos x$ の $x = \dfrac{\pi}{4}$ での第 3 次微分係数 $f^{(3)}\left(\dfrac{\pi}{4}\right)$.

C13.1　ビルの屋上から物体を静かに落下させたところ, t 秒後に物体が落下した距離は

　　$4.9\, t^2$ [m] であった. このとき, 次の問いに答えよ.

(1) 落下して 2 秒後の物体の速さを求めよ.

(2) 物体が落下するときの加速度の大きさを求めよ.

第14章 不定積分

14.1 不定積分

例題 14.1. 次の等式を満たす関数 $F(x)$ を求めよ． (1) $F'(x) = \cos x$ (2) $F'(x) = x$

解説： (1) $F(x) = \sin x, \ \sin x + 1$ など． (2) $F(x) = \dfrac{1}{2}x^2, \ \dfrac{1}{2}x^2 + 2$ など．

前章までは与えられた関数 $f(x)$ を微分して，得られる関数（導関数）$f'(x)$ を求めてきた．
ここでは逆の操作，つまり微分したら与えられた関数 $f(x)$ になる関数 $F(x)$ を求める．
このような関数 $F(x)$ を $f(x)$ の**原始関数**という．

$$F(x) \xrightarrow{\ \text{微分}\ } f(x) \xrightarrow{\ \text{微分}\ } f'(x)$$

$f(x)$ の原始関数　　　　　　　　　　　　　　$f(x)$ の導関数

上の例題で見たように $f(x)$ の原始関数はただ 1 つではないことに注意．しかし今 $F(x)$ の他に
$G(x)$ も $f(x)$ の原始関数であるとすると

$$\{G(x) - F(x)\}' = G'(x) - F'(x) = f(x) - f(x) = 0$$

となる．微分したら 0 となるような関数は定数（定数関数）なので，この定数を C，つまり

$$G(x) - F(x) = C$$

とおくと，$G(x) = F(x) + C$ となるので $f(x)$ の原始関数は $F(x) + C$ と表せる．そこで C を
特に値を定めない定数として $F(x) + C$ を $f(x)$ の**不定積分**といい，これを $\displaystyle\int f(x)\,dx$ と表す．
つまり

$$\int f(x)\,dx = F(x) + C$$

である*．$f(x)$ を**被積分関数**，C を**積分定数**という．よって $\displaystyle\int \cos x\,dx = \sin x + C$ であり，
$\displaystyle\int x\,dx = \dfrac{1}{2}x^2 + C$ である．57 ページ公式および 61 ページ例題 10.5 から次の公式が成り立つ．

---

* $F(x)$ は $f(x)$ の原始関数なら何でもよいが，通常は次ページの囲みのように定数項を含まないものを選ぶ．

$$\int (\alpha + 1) x^\alpha dx = x^{\alpha+1} + C \quad (\alpha \neq -1)^\dagger \qquad \int \cos x \ dx = \sin x + C$$

$$\int \frac{1}{x} \ dx = \log |x| + C \qquad\qquad \int (-\sin x) \ dx = \cos x + C$$

$$\int e^x \ dx = e^x + C \qquad\qquad\qquad \int \frac{1}{\cos^2 x} \ dx = \tan x + C$$

$$\int a^x \log a \, dx = a^x + C \quad (a > 0, a \neq 1)^\ddagger$$

また，不定積分について次が成り立つ．

$$\int k f(x) \ dx = k \int f(x) \ dx \qquad\qquad (k \text{ は定数})$$

$$\int (f(x) \pm g(x)) \ dx = \int f(x) \ dx \pm \int g(x) \ dx \qquad (\text{複号同順})$$

例題 14.2. 次の不定積分を求めよ．

(1) $\displaystyle\int x^4 \ dx$ 　　(2) $\displaystyle\int \sqrt{x} \ dx$ 　　(3) $\displaystyle\int \frac{1}{x^3} \ dx$ 　　(4) $\displaystyle\int \frac{1}{x\sqrt{x}} \ dx$

(5) $\displaystyle\int \sin x \ dx$ 　　(6) $\displaystyle\int 2^x \ dx$ 　　(7) $\displaystyle\int \left(\frac{1}{x} + \frac{1}{x^2} \right) dx$

解説： (1) $\displaystyle\int 5x^4 \ dx = x^5 + C$ だから $\displaystyle\int x^4 \ dx = \frac{1}{5} \int 5x^4 \ dx = \frac{1}{5} x^5 + C$

(2) $\displaystyle\int \frac{3}{2} x^{\frac{1}{2}} \ dx = x^{\frac{3}{2}} + C$ だから $\displaystyle\int \sqrt{x} \ dx = \int x^{\frac{1}{2}} \ dx = \frac{2}{3} \int \frac{3}{2} x^{\frac{1}{2}} \ dx = \frac{2}{3} x^{\frac{3}{2}} + C$

(3) $\displaystyle\int (-2)x^{-3} \ dx = x^{-2} + C$ だから $\displaystyle\int \frac{1}{x^3} \ dx = \int x^{-3} \ dx = -\frac{1}{2} \int (-2)x^{-3} \ dx = -\frac{1}{2} x^{-2} + C$

(4) $\displaystyle\int \left(-\frac{1}{2} \right) x^{-\frac{3}{2}} \ dx = x^{-\frac{1}{2}} + C$ だから $\displaystyle\int x^{-\frac{3}{2}} \ dx = -2 \int \left(-\frac{1}{2} \right) x^{-\frac{3}{2}} \ dx = -2x^{-\frac{1}{2}} + C$

(5) $\displaystyle\int (-\sin x) \ dx = \cos x + C$ だから $\displaystyle\int \sin x \ dx = -\int (-\sin x) \ dx = -\cos x + C$

(6) $\displaystyle\int 2^x \log 2 \ dx = 2^x + C$ だから $\displaystyle\int 2^x \ dx = \frac{1}{\log 2} \int 2^x \log 2 \ dx = \frac{1}{\log 2} 2^x + C$

(7) $\displaystyle\int \left(\frac{1}{x} + \frac{1}{x^2} \right) \ dx = \int \frac{1}{x} \ dx + \int x^{-2} \ dx = \log |x| - x^{-1} + C$ §

---

† x^α を積分すると，指数が 1 増えて $\alpha + 1$ 乗となることに注意しておこう．

‡ $a = e$ ならば $\log a = \log e = 1$ より上の公式 $\displaystyle\int e^x dx = e^x + C$ が得られることに注意．

§ 本来 $\displaystyle\int \frac{1}{x} \ dx$, $\displaystyle\int x^{-2} \ dx$ のそれぞれに積分定数がつくが，上記のように最後にまとめて 1 つだけ書けばよい．

14.2　置換積分法

$y = \displaystyle\int f(x)\,dx$ において $x = g(t)$ とおくと，合成関数の微分より次式を得る．

$$\frac{dy}{dt} = \frac{dy}{dx}\cdot\frac{dx}{dt} = f(x)\cdot\frac{dx}{dt} = f(g(t))\cdot g'(t)$$

ここで $\dfrac{dy}{dt} = f(g(t))\cdot g'(t)$ を t で積分すると，$y = \displaystyle\int f(g(t))\cdot g'(t)\,dt$ だから次式を得る¶．

$$\int f(x)\,dx = \int f(g(t))\cdot g'(t)\,dt \cdots (*)$$

さらに $(*)$ において x と t を入れ替えると次の公式が得られる．

$$\int f(g(x))\cdot g'(x)\,dx = \int f(t)\,dt \quad \text{ただし } t = g(x).$$

以上をまとめると次のようになる．

$$\int f(x)\,dx = \int f(g(t))\cdot g'(t)\,dt \quad \text{ただし } x = g(t).$$

$$\int f(g(x))\cdot g'(x)\,dx = \int f(t)\,dt \quad \text{ただし } g(x) = t.$$

また $F(t)$ を $f(t)$ の原始関数とすると，上の枠内の2番目の公式は次のようになる．

$$\int f(g(x))\cdot(g(x))'\,dx = \int f(t)\,dt = F(t)+C = F(g(x))+C \cdots (**)$$

以下は $(**)$ をいくつかの関数についてまとめたものである（$g(x)$ は省略している）．
右辺を微分したら左辺の被積分関数になることを確認すること（10.1 節参照）．

$$\int (\alpha+1)\,\bullet^{\alpha}\cdot\bullet'\,dx = \bullet^{\alpha+1}+C \qquad \int \cos\bullet\cdot\bullet'\,dx = \sin\bullet+C$$

$$\int \frac{1}{\bullet}\cdot\bullet'\,dx = \log\bullet+C \qquad \int (-\sin\bullet)\cdot\bullet'\,dx = \cos\bullet+C$$

$$\int e^{\bullet}\cdot\bullet'\,dx = e^{\bullet}+C \qquad \int \frac{1}{\cos^2\bullet}\cdot\bullet'\,dx = \tan\bullet+C$$

特に $g(x) = px + q$ のとき，$g'(x) = p$ より次を得る．

$$\int p(\alpha+1)(px+q)^{\alpha}\,dx = (px+q)^{\alpha+1}+C \qquad \int p\cos(px+q)\,dx = \sin(px+q)+C$$

$$\int \frac{p}{px+q}\,dx = \log(px+q)+C \qquad \int (-p\sin(px+q))\,dx = \cos(px+q)+C$$

$$\int p\,e^{px+q}\,dx = e^{px+q}+C \qquad \int \frac{p}{\cos^2(px+q)}\,dx = \tan(px+q)+C$$

¶ $\dfrac{dx}{dt} = g'(t)$ を，形式的に $dx = g'(t)\,dt$ と表すことがある．このとき，$(*)$ の左辺の x を $g(t)$ に，dx を $g'(t)\,dt$ に置き換えれば右辺を得る．

例題 14.3. 次の不定積分を求めよ.

(1) $\displaystyle\int \sin^2 x \cdot \cos x\, dx$　(2) $\displaystyle\int \cos(4x+3)\, dx$　(3) $\displaystyle\int \frac{1}{5x+6}\, dx$

(4) $\displaystyle\int x^2(x^3+2)^5\, dx$　(5) $\displaystyle\int (x+2)\cos(x^2+4x)\, dx$

解説：(1) $t = \sin x$ とおくと $dt = \cos x\, dx$ だから

$$\int \sin^2 x \cos x\, dx = \int t^2\, dt = \frac{1}{3}t^3 + C = \frac{1}{3}\sin^3 x + C.\ \text{もしくは } \cos x = (\sin x)' \text{ だから}$$

$$\int (\sin x)^2 \cdot (\sin x)'\, dx = \frac{1}{3}(\sin x)^3 + C$$

(2) $(4x+3)' = 4$ だから $\displaystyle\int \cos(4x+3)\, dx = \frac{1}{4}\int 4\cos(4x+3)\, dx = \frac{1}{4}\sin(4x+3) + C$

(3) $(5x+6)' = 5$ だから $\displaystyle\int \frac{1}{5x+6}\, dx = \frac{1}{5}\int \frac{5}{5x+6}\, dx = \frac{1}{5}\log|5x+6| + C$

(4) $(x^3+2)' = 3x^2$ だから $\displaystyle\int x^2(x^3+2)^5\, dx = \frac{1}{6}\frac{1}{3}\int 3x^2 \cdot 6(x^3+2)^5\, dx = \frac{1}{18}(x^3+2)^6 + C$

(5) $(x^2+4x)' = 2x+4 = 2(x+2)$ だから

$$\int (x+2)\cos(x^2+4x)\, dx = \frac{1}{2}\int (2x+4)\cos(x^2+4x)\, dx = \frac{1}{2}\sin(x^2+4x) + C$$

14.3 部分積分法

不定積分について，次のことが成り立つ．これらを用いて積分する方法を**部分積分法**という．

$F(x)$ を $f(x)$ の原始関数とすると

$\{F(x)\cdot g(x)\}' = f(x)\cdot g(x) + F(x)\cdot g'(x)$ より

$f(x)\cdot g(x) = \{F(x)\cdot g(x)\}' - F(x)\cdot g'(x)$ 両辺を積分して

$$\int f(x)\cdot g(x)\, dx = F(x)\cdot g(x) - \int F(x)\cdot g'(x)\, dx.$$
ただし $F(x)$ は $f(x)$ の原始関数．

$G(x)$ を $g(x)$ の原始関数とすると

$\{f(x)\cdot G(x)\}' = f'(x)\cdot G(x) + f(x)\cdot g(x)$ より

$f(x)\cdot g(x) = \{f(x)\cdot G(x)\}' - f'(x)\cdot G(x)$ 両辺を積分して

$$\int f(x)\cdot g(x)\, dx = f(x)\cdot G(x) - \int f'(x)\cdot G(x)\, dx.$$
ただし $G(x)$ は $g(x)$ の原始関数．

ここで下図のような部分積分法の使い方を紹介しておく. $f(x) \cdot g(x)$ の片方を積分して得られた関数 $F(x) \cdot g(x)$（もしくは $f(x) \cdot G(x)$）から, 積分していない方を微分して得られた関数 $F(x) \cdot g'(x)$（もしくは $f'(x) \cdot G(x)$）の不定積分を引くというものである.

このとき, $f(x)$ と $g(x)$ のうちどちらを積分するかで 2 通りあるが[∥], 得られた右辺の不定積分が簡単な方を選択する. 下の例の $\displaystyle\int x\cos x\,dx$ の場合は (II) の方が積分が簡単になるので, これより $\displaystyle\int x\cos x\,dx = x\sin x - \int \sin x\,dx = x\sin x + \cos x + C$ を得る.

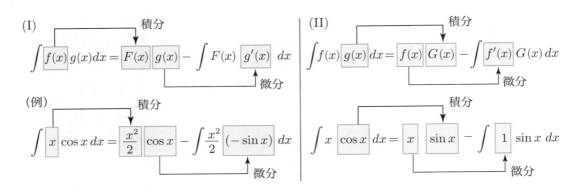

例題 14.4. 次の不定積分を求めよ.

$$(1) \int xe^x\,dx \qquad (2) \int x\log x\,dx \qquad (3) \int x^2 e^x\,dx \qquad (4) \int e^x\sin x\,dx$$

解説: (1) $\displaystyle\int x\,\boxed{e^x}\,dx = \boxed{x}\,\boxed{e^x} - \int \boxed{1}\,e^x\,dx = xe^x - e^x + C.$

(2) $\displaystyle\int \boxed{x}\,\log x\,dx = \boxed{\frac{x^2}{2}}\,\boxed{\log x} - \int \frac{x^2}{2}\,\boxed{\frac{1}{x}}\,dx = \frac{x^2}{2}\log x - \int \frac{x}{2}\,dx = \frac{x^2}{2}\log x - \frac{x^2}{4} + C.$

(3) $\displaystyle\int x^2\,\boxed{e^x}\,dx = \boxed{x^2}\,\boxed{e^x} - \int \boxed{2x}\,e^x\,dx = x^2 e^x - 2(xe^x - e^x) + C$　（(1) より）.

(4) $\displaystyle\int e^x\sin x\,dx = e^x\sin x - \int e^x\cos x\,dx = e^x\sin x - \left(e^x\cos x + \int e^x\sin x\,dx\right)$

よって $\displaystyle 2\int e^x\sin x\,dx = e^x\sin x - e^x\cos x + C_1$ より $\displaystyle\int e^x\sin x\,dx = \frac{e^x}{2}(\sin x - \cos x) + C_2.$

[∥] 慣れるまでは 2 通りやってみることを勧める. ただし, 被積分関数が (1) 指数関数 (2) 三角関数 (3) 1 次・2 次関数 (4) 対数関数のうちの 2 種類の関数の積の場合, 最初に積分する関数は, この番号順で優先すれば計算がうまくいくことが多い. また, 被積分関数が, 対数関数 $\left(\displaystyle\int \log x\,dx\right)$ のように単独で積分しづらいときは, 1 との積 $\left(\displaystyle\int 1\cdot\log x\,dx\right)$ と考えて 1 を積分することからはじめると, うまくいくことが多い.

練習問題 14

A14.1 次の不定積分を求めよ.

(1) $\displaystyle\int 1\,dx$

(2) $\displaystyle\int x^5\,dx$

(3) $\displaystyle\int \frac{1}{x^5}\,dx$

(4) $\displaystyle\int x\sqrt{x}\,dx$

(5) $\displaystyle\int \frac{1}{\sqrt{3x}}\,dx$

(6) $\displaystyle\int \frac{1}{\cos^2 x}\,dx$

A14.2 次の不定積分を求めよ.

(1) $\displaystyle\int (3x+1)^4\,dx$

(2) $\displaystyle\int \frac{1}{(2x+1)^5}\,dx$

(3) $\displaystyle\int \frac{1}{1-2x}\,dx$

(4) $\displaystyle\int \cos(3x-1)\,dx$

(5) $\displaystyle\int e^{-x+2}\,dx$

(6) $\displaystyle\int \frac{1}{\sqrt{5x-1}}\,dx$

A14.3 次の不定積分を求めよ.

(1) $\displaystyle\int \sin^3 x \cdot \cos x\,dx$

(2) $\displaystyle\int x^4(x^5-1)^4\,dx$

(3) $\displaystyle\int \frac{x}{x^2+1}\,dx$

(4) $\displaystyle\int \cos x \cdot e^{\sin x}\,dx$

(5) $\displaystyle\int xe^{x^2}\,dx$

(6) $\displaystyle\int \frac{e^x}{e^x+1}\,dx$

A14.4 次の不定積分を求めよ.

(1) $\displaystyle\int x\sin x\,dx$

(2) $\displaystyle\int \log x\,dx$

(3) $\displaystyle\int x^3\log x\,dx$

(4) $\displaystyle\int xe^{2x}\,dx$

B14.1 次の式を積分記号を使わないで表せ.

(1) $\displaystyle\int f'(x)\,dx$

(2) $\displaystyle\int (f'(x)\cdot g(x)+f(x)\cdot g'(x))\,dx$

B14.2 次の不定積分を求めよ.

(1) $\displaystyle\int 2^x\,dx$

(2) $\displaystyle\int \frac{\sin^2 x}{1+\cos x}\,dx$

(3) $\displaystyle\int x^2 e^{-x}\,dx$

(4) $\displaystyle\int x^2\sin x\,dx$

C14.1 次の 2 つの条件 (A), (B) を満たす関数 $f(x)$ を求めよ.

(A) $f'(x)=3x^2+4x-5$

(B) $f(1)=2$

C14.2 関数 $f(x)$ が $\displaystyle\int f(x)\,dx=x^2\sin x+C$ を満たすとき, $\displaystyle\int f(3x+2)\,dx$ を求めよ.

第 15 章　定積分

15.1　定積分

関数 $y = f(x)$ と x 軸，および $x = a$, $x = b$ で囲まれた図形の面積 S を求めることを考えよう*．図のように区間 $a \leqq x \leqq b$（以下 $[a, b]$ で表す）を分割して，長方形の集まりの面積で近似してみる．もちろんこれは S とは異なるが，分割を限りなく細かくして，各長方形の底辺の長さを限りなく 0 に近づければ S に限りなく近づく．

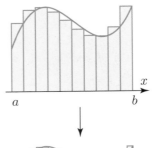

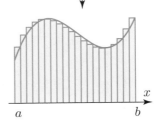

ここで $f(x) = x$, $a = 0$, $b = 1$ の場合（左下の図）で考えてみよう．底辺 $[0, 1]$ を n 等分して，底辺の長さ $\dfrac{1}{n}$，高さ $f\left(\dfrac{k}{n}\right) = \dfrac{k}{n}$ の n 個の長方形の面積の和 $S(n)$ を考える．$n = 2, 3$ について $S(n)$ を（高さ）×（底辺の長さ）の和の形で書くと右下のようになる．

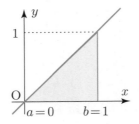
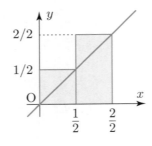
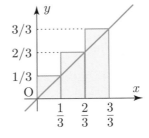

$$S(2) = \frac{1}{2} \cdot \frac{1}{2} + \frac{2}{2} \cdot \frac{1}{2} \qquad S(3) = \frac{1}{3} \cdot \frac{1}{3} + \frac{2}{3} \cdot \frac{1}{3} + \frac{3}{3} \cdot \frac{1}{3}$$

したがって，$S(n)$ は次のようになる．

$$S(n) = \frac{1}{n} \cdot \frac{1}{n} + \frac{2}{n} \cdot \frac{1}{n} + \cdots + \frac{n}{n} \cdot \frac{1}{n} = \sum_{k=1}^{n} \frac{k}{n} \cdot \frac{1}{n} = \frac{1}{n^2} \sum_{k=1}^{n} k = \frac{1}{n^2} \cdot \frac{n(n+1)}{2} = \frac{1}{2} + \frac{1}{2n}.$$

ここで $n \to \infty$ とすれば $S(n)$ は S に限りなく近づくから

$$S = \lim_{n \to \infty} S(n) = \lim_{n \to \infty} \sum_{k=1}^{n} f\left(\frac{k}{n}\right) \cdot \frac{1}{n} = \lim_{n \to \infty} \sum_{k=1}^{n} \frac{k}{n} \cdot \frac{1}{n} = \lim_{n \to \infty} \left(\frac{1}{2} + \frac{1}{2n}\right) = \frac{1}{2}.$$

---

* $a \leqq x \leqq b$ において $f(x) \geqq 0$ とする．

よって三角形の面積の公式 $\frac{1}{2} \times$（高さ）$\times$（底辺の長さ）で求めた値と同じになる．ここで $\lim_{n \to \infty} \sum_{k=1}^{n} f\left(\frac{k}{n}\right) \cdot \frac{1}{n}$ を $\int_0^1 f(x)\,dx$ と書く．今の例では $\int_0^1 f(x)\,dx = \int_0^1 x\,dx = \frac{1}{2}$ である．

一般に，区間 $[a,b]$ で定義された関数 $f(x)$ に対し，極限

$$\lim_{n \to \infty} \sum_{k=1}^{n} f\left(a + \frac{k}{n}(b-a)\right) \cdot \frac{b-a}{n}$$

が存在するとき[†]その極限値を $f(x)$ の区間 $[a,b]$ での**定積分**といい $\int_a^b f(x)\,dx$ と表す．

このとき $f(x)$ は区間 $[a,b]$ で**積分可能**であるといい，$f(x)$ を**被積分関数**，$[a,b]$ を**積分区間**という．特に，区間 $[a,b]$ において $f(x) \geqq 0$ であるとき，この極限は曲線 $y = f(x)$ と x 軸，および $x = a$, $x = b$ で囲まれた図形の面積 S であるから $S = \int_a^b f(x)\,dx$ である．

ところで上の定積分の定義の極限は計算するのが大変であるが，次のような便利な定理がある．

$$F(x) \text{ が } f(x) \text{ の原始関数であるとき} \quad \int_a^b f(x)\,dx = F(b) - F(a).$$

つまり，定積分は被積分関数 $f(x)$ の原始関数 $F(x)$ を求め，x に b, a を代入して差 $F(b) - F(a)$ を計算すればよい[‡]．

15.2 定積分の基本的な性質

さらに，$b < a$ のとき $\int_a^b f(x)\,dx = -\int_b^a f(x)\,dx$ と定義する．このとき定積分について，次の公式が成り立つ．

$$\int_a^b k f(x)\,dx = k \int_a^b f(x)\,dx \qquad (k \text{ は定数})$$

$$\int_a^b (f(x) \pm g(x))\,dx = \int_a^b f(x)\,dx \pm \int_a^b g(x)\,dx \qquad (\text{複号同順})$$

$$\int_a^a f(x)\,dx = 0$$

$$\int_a^b f(x)\,dx = \int_a^c f(x)\,dx + \int_c^b f(x)\,dx$$

[†] 区間 $[a,b]$ を n 等分すると，各区間の長さは $\frac{b-a}{n}$ で，k 番目の区間は $\left[a + \frac{k-1}{n}(b-a),\ a + \frac{k}{n}(b-a)\right]$ である．

[‡] $F(b) - F(a)$ は $\left[F(x)\right]_a^b$ と表すことが多い．

例題 15.1. 次の定積分を求めよ.

$$(1)\ \int_1^2 x^2\ dx \qquad (2)\ \int_1^2 \left(\frac{1}{x} - \frac{1}{x^2} \right)\ dx \qquad (3)\ \int_0^{\frac{\pi}{2}} 2\cos x\ dx$$

解答: (1) （与式）$= \left[\dfrac{x^3}{3} \right]_1^2 = \dfrac{2^3}{3} - \dfrac{1^3}{3} = \dfrac{7}{3}$

(2) （与式）$= \displaystyle\int_1^2 \frac{1}{x}\ dx - \int_1^2 \frac{1}{x^2}\ dx = \left[\log x \right]_1^2 + \left[\frac{1}{x} \right]_1^2$

$\qquad = (\log 2 - \log 1) + \left(\dfrac{1}{2} - \dfrac{1}{1} \right) = \log 2 - 0 + \dfrac{1}{2} - 1 = \log 2 - \dfrac{1}{2}$

(3) （与式）$= 2\displaystyle\int_0^{\frac{\pi}{2}} \cos x\ dx = 2\left[\sin x \right]_0^{\frac{\pi}{2}} = 2\left(\sin\frac{\pi}{2} - \sin 0 \right) = 2(1 - 0) = 2$

15.3   定積分の置換積分法

基本的に不定積分における置換積分法と同様だが, 積分区間を書き換える必要がある.

定積分 $\displaystyle\int_0^\pi \cos\frac{x}{2}\ dx$ で $t = \dfrac{x}{2}$ と置き換えた場合, x が 0 から π まで動くとき t は

$\dfrac{0}{2} = 0$ から $\dfrac{\pi}{2}$ まで動くので, 積分区間は $0 \leqq x \leqq \pi$ から $0 \leqq t \leqq \dfrac{\pi}{2}$ に変わる.

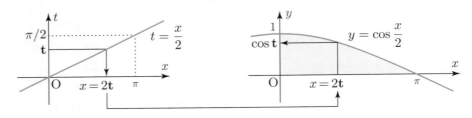

例: $\displaystyle\int_0^\pi \cos\frac{x}{2}\ dx$

$\boxed{1}$　$t = g(x)$ とおく.

$\boxed{2}$　dx と dt の関係式を作る.

$\boxed{3}$　$\boxed{1}$ を使って積分区間の対応を調べる.

$\boxed{4}$　$\boxed{1}$-$\boxed{3}$ を使って
　　　t についての定積分に書き換える.

$\boxed{5}$　$\boxed{4}$ で得られた定積分を計算する.

$t = \dfrac{x}{2}$ とおくと

$dt = \dfrac{1}{2}\ dx$ より $dx = 2\ dt$.

積分区間は $0 \leqq x \leqq \pi$ から $0 \leqq t \leqq \dfrac{\pi}{2}$ に.

$\displaystyle\int_0^\pi \cos\frac{x}{2}\ dx = \int_0^{\frac{\pi}{2}} \cos t \cdot 2\ dt.$

$2\displaystyle\int_0^{\frac{\pi}{2}} \cos t\ dt = 2\left[\sin t \right]_0^{\frac{\pi}{2}} = 2.$

15.4　定積分の部分積分法

不定積分における部分積分法と同様である.

$F(x)$ を $f(x)$ の原始関数とすると $\displaystyle\int_a^b f(x) \cdot g(x)\, dx = \Big[F(x) \cdot g(x)\Big]_a^b - \int_a^b F(x) \cdot g'(x)\, dx$.

$G(x)$ を $g(x)$ の原始関数とすると $\displaystyle\int_a^b f(x) \cdot g(x)\, dx = \Big[f(x) \cdot G(x)\Big]_a^b - \int_a^b f'(x) \cdot G(x)\, dx$.

例題 15.2. 次の定積分を求めよ.　(1) $\displaystyle\int_1^2 x \log x\, dx$　(2) $\displaystyle\int_0^\pi x \cos x\, dx$

解答:　(1)　(与式) $= \left[\dfrac{x^2}{2} \cdot \log x\right]_1^2 - \int_1^2 \dfrac{x^2}{2} \cdot \dfrac{1}{x}\, dx = \left(2 \log 2 - \dfrac{1}{2} \log 1\right) - \dfrac{1}{2} \int_1^2 x\, dx$

$\qquad\qquad = (2 \log 2 - 0) - \dfrac{1}{4}\left[x^2\right]_1^2 = 2 \log 2 - \dfrac{1}{4}(2^2 - 1^2) = 2 \log 2 - \dfrac{3}{4}$.

(2)　(与式) $= \Big[x \cdot \sin x\Big]_0^\pi - \int_0^\pi 1 \cdot \sin x\, dx = (\pi \cdot \sin \pi - 0 \cdot \sin 0) - \Big[-\cos x\Big]_0^\pi$

$\qquad\qquad = 0 + \Big[\cos x\Big]_0^\pi = \cos \pi - \cos 0 = -1 - 1 = -2$.

15.5　面積

15.1 節で述べたように区間 $[a,b]$ において $f(x) \geqq 0$ であるとき, 曲線 $y = f(x)$ と x 軸

および 2 直線 $x = a$, $x = b$ で囲まれた図形の面積 S は $S = \displaystyle\int_a^b f(x)\, dx$ で与えられる.

さらに区間 $[a,b]$ において $f(x) \geqq g(x)$ であるとき, 2 曲線 $y = f(x)$, $y = g(x)$ と 2 直線 $x = a$,

$x = b$ で囲まれた図形の面積 S は $S = \displaystyle\int_a^b (f(x) - g(x))\, dx$ で与えられる.

例題 15.3. $-\dfrac{3}{4}\pi \leqq x \leqq \dfrac{\pi}{4}$ において, 2 曲線 $y = \sin x$, $y = \cos x$ で囲まれた図形の面積 S を求めよ.

解説:　図から分かるように $-\dfrac{3}{4}\pi \leqq x \leqq \dfrac{\pi}{4}$ において

$\cos x \geqq \sin x$ であるから求める図形の面積 S は

$S = \displaystyle\int_{-\frac{3}{4}\pi}^{\frac{\pi}{4}} (\cos x - \sin x)\, dx = \Big[\sin x + \cos x\Big]_{-\frac{3}{4}\pi}^{\frac{\pi}{4}} = 2\sqrt{2}$

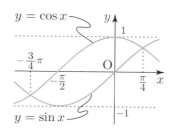

15.6　回転体の体積

次に，曲線 $y = f(x)$ と x 軸および 2 直線 $x = a$, $x = b$ $(a < b)$ で囲まれた図形を x 軸のまわりに 1 回転して得られる回転体の体積 V を考えてみよう．V は，この立体を x 軸に垂直に切った切り口の断面積 $S(x)$ を積分することで得られる．切り口は半径 $f(x)$ の円なので $S(x) = \pi\left(f(x)\right)^2$ である．よって $V = \displaystyle\int_a^b S(x)\, dx = \pi \int_a^b \left(f(x)\right)^2\, dx$ となる．

> 例題 15.4. 曲線 $y = \sqrt{x}$ と x 軸，および直線 $x = 1$ で囲まれた図形を x 軸のまわりに 1 回転して得られる回転体の体積 V を求めよ．

解答：$V = \pi \displaystyle\int_0^1 \left(\sqrt{x}\right)^2\, dx = \pi \int_0^1 x\, dx = \frac{\pi}{2}\left[\, x^2\,\right]_0^1 = \frac{\pi}{2}$

練習問題 15

A15.1　次の定積分を求めよ．

(1) $\displaystyle\int_2^5 1\, dx$ 　　　 (2) $\displaystyle\int_0^1 x^5\, dx$ 　　　 (3) $\displaystyle\int_1^2 \frac{1}{x^2}\, dx$ 　　　 (4) $\displaystyle\int_0^1 \sqrt{x}\, dx$

(5) $\displaystyle\int_1^2 \frac{1}{\sqrt{x}}\, dx$ 　　 (6) $\displaystyle\int_1^3 \frac{x^2 - 1}{x}\, dx$ 　　 (7) $\displaystyle\int_0^1 e^{3x}\, dx$ 　　 (8) $\displaystyle\int_0^{\frac{\pi}{6}} \cos 3x\, dx$

A15.2　次の定積分を求めよ．

(1) $\displaystyle\int_0^2 (2x - 1)^3\, dx$ 　　 (2) $\displaystyle\int_{-1}^1 e^{-2x}\, dx$ 　　 (3) $\displaystyle\int_0^{\frac{\pi}{2}} \sin 2x\, dx$

(4) $\displaystyle\int_0^1 \frac{e^x}{e^x + 1}\, dx$ 　　 (5) $\displaystyle\int_0^1 x e^{x^2}\, dx$ 　　 (6) $\displaystyle\int_0^{\frac{\pi}{2}} \sin^2 x \cdot \cos x\, dx$

A15.3　次の定積分を求めよ．

(1) $\displaystyle\int_0^{\frac{\pi}{2}} x \sin x\, dx$ 　　 (2) $\displaystyle\int_1^3 x^2 \log x\, dx$ 　　 (3) $\displaystyle\int_1^2 \log x\, dx$

(4) $\displaystyle\int_0^1 x e^x\, dx$ 　　 (5) $\displaystyle\int_0^1 x e^{-2x}\, dx$ 　　 (6) $\displaystyle\int_0^{\pi} x^2 \cos x\, dx$

B15.1　定積分 $\displaystyle\int_0^1 x\sqrt{1 - x}\, dx$ を求めよ．（ヒント：$\sqrt{1 - x} = t$ とおくとよい）

C15.1　次の問いに答えよ.

　(1) 自動車 A は, 30 [km/時] の速さを保ったまま 10 分間走行した. この 10 分間で自動車
　　　A は何 [km] 走行したか.

　(2) 自動車 B は, 走行し始めてから x 分後の速さが $3x$ [km/時] $(0 \leqq x \leqq 10)$ となるよう
　　　に走行した. 走行し始めてから 10 分後までに自動車 B は何 [km] 走行したか.

C15.2　次の問いに答えよ.

　(1) $\cos(m+n)x + \cos(m-n)x = 2\cos mx \cos nx$ であることを証明せよ.

　(2) 自然数 m, n $(m > n)$ に対して, $\displaystyle\int_{-\pi}^{\pi} \cos mx \cos nx \, dx = 0$ となることを証明せよ.

C15.3　区間 $[a, b]$ において $f(x) \geqq 0$ のとき, 曲線 $y = f(x)$ $(a \leqq x \leqq b)$ を x 軸のまわりに
　　　回転させてできる立体の側面積は $\displaystyle 2\pi \int_a^b f(x)\sqrt{1 + \{f'(x)\}^2} \, dx$ で求められること
　　　が知られている. このことを用いて, 半径が r の球の表面積を求めよ.

　　　(ヒント : $f(x) = \sqrt{r^2 - x^2}$ を使う)

C15.4　次の問いに答えよ.

　(1) $y = \sqrt{4 - x^2}$ $(-2 \leqq x \leqq 2)$ のグラフはどのような曲線を表しているか.

　(2) $\displaystyle\int_{-2}^{2} \sqrt{4 - x^2} \, dx$ の値を, 積分を実行せずに求めよ.

第 16 章　複素数

これまでは実数を扱ってきたが，この章では実数を拡張した数である複素数について学ぼう．
方程式 $x^2 = -1$ を考えよう．どんな実数も 2 乗すると 0 以上になるので，この方程式は実数解
を持たない．そこで 2 乗すると -1 となる数を考えてこれを文字 i で表し*，$i^2 = -1$ という性
質の他は i を単なる文字式の中の文字として扱うことにしよう．

例題 16.1. 次式を $a + bi$ の形で表せ．

(1) $1 + i + 2$　(2) $i + i$　(3) i^2　(4) i^3　(5) $\dfrac{1}{i}$　(6) $(1 + 2i) + (2 - 3i)$

(7) $(1 + 2i) - (2 - 3i)$　(8) $(1 + 2i)(2 - 3i)$　(9) $\dfrac{1 + 2i}{2 - 3i}$

解答：(1) $3 + 1i$　(2) $0 + 2i$　(3) $-1 + 0i$　(4) $i^3 = i^2 \cdot i = (-1)i = 0 - 1i$

(5) $\dfrac{1}{i} \cdot \dfrac{i}{i} = \dfrac{i}{i^2} = \dfrac{i}{-1} = 0 - 1i$　(6) $(1 + 2) + (2 - 3)i = 3 - 1i$

(7) $(1 - 2) + (2 + 3)i = -1 + 5i$　(8) $2 - 3i + 4i - 6i^2 = 2 + i + 6 = 8 + 1i$

(9) $\dfrac{1 + 2i}{2 - 3i} \cdot \dfrac{2 + 3i}{2 + 3i} = \dfrac{-4 + 7i}{4 + 9} = -\dfrac{4}{13} + \dfrac{7}{13}i$

この i を**虚数単位**と呼び，実数 a, b に対して，$a + bi$ を**複素数**と呼ぶ．a, b をそれぞれ複素数
$a + bi$ の**実部**，**虚部**と呼ぶ．実数 a は $a = a + 0i$ だから複素数である．つまり複素数は実数を
含んでいる．また，特に $b \neq 0$ のとき **虚数**と呼び，さらに $a = 0$（すなわち虚数 bi）のとき，**純
虚数**と呼ぶ．

また，上の例題でみたように，複素数は足しても引いても掛けても（0 以外で）割っても，計算
結果は複素数である．複素数 $z = a + bi$ に対して，$a - bi$ を z の**共役複素数**と呼び $\bar{z}$ と表す．

例題 16.2. $z = 1 + 2i, w = 2 - 3i$ のとき，次式を計算せよ．

(1) $z + \bar{z}$　(2) $z - \bar{z}$　(3) $z\bar{z}$　(4) $w + \bar{w}$　(5) $\bar{z} + \bar{w}$　(6) $\bar{z} \cdot \bar{w}$

解答：(1) $(1 + 2i) + (1 - 2i) = 2$　(2) $(1 + 2i) - (1 - 2i) = 4i$　(3) $(1 + 2i)(1 - 2i) = 1 + 4 = 5$

(4) $(2 - 3i) + (2 + 3i) = 4$　(5) $(1 - 2i) + (2 + 3i) = 3 + i$　(6) $(1 - 2i)(2 + 3i) = 8 - i$

---

* 記号 i は imaginary（想像上の）という単語の頭文字．工学では i でなく j を用いることもある．

　　例題 16.2 のように，一般に任意の複素数 z に対し，$z + \bar{z}$, $z\bar{z}$ は実数となる．$z\bar{z}$ が実数となることを使うと，複素数の割り算結果を $a + bi$ の形に表すことができる（例題 16.1 (9)）．

また，例題 16.1 (6), (8) と例題 16.2 (5), (6) を比較すると $\overline{z + w} = \bar{z} + \bar{w}$, $\overline{zw} = \bar{z} \cdot \bar{w}$ であることが分かるが，実はこれは z, w を任意の複素数としても成り立つ．

　　複素数 $z = a + bi$ に対して，実数 $\sqrt{a^2 + b^2}$ を z の**絶対値**と呼び，$|z|$ と表す．これは共役複素数を用いると，$|z| = \sqrt{z\bar{z}}$ と表すことができる[†]．

> 例題 16.3. $z = 1 + 2i$, $w = 2 - 3i$ のとき，$|z|, |w|$ を求めよ．

解答： $|z| = \sqrt{1^2 + 2^2} = \sqrt{5}$, $|w| = \sqrt{2^2 + (-3)^2} = \sqrt{13}$.

16.1　複素数と 2 次方程式

> 例題 16.4. 2 次方程式 $x^2 = -3$ を解け．

解説： $i^2 = -1$ だから $x^2 = 3i^2$，すなわち $x^2 - 3i^2 = 0$ である．ゆえに $(x - \sqrt{3}i)(x + \sqrt{3}i) = 0$ より $x = \pm\sqrt{3}i$ となる．

従って -3 の平方根は $\pm\sqrt{3}i$ である．同様に正の実数 a に対し，$-a$ の平方根は $\pm\sqrt{a}i$ となる．ここで $\sqrt{a}i$ を $\sqrt{-a}$ と表す．これにより 8 ページの 2 次方程式の解の公式は $b^2 - 4ac < 0$ の場合でも成立し，9 ページの判別式 $D = b^2 - 4ac$ と解の種類の関係は次のように書ける．

---

2 次方程式 $ax^2 + bx + c = 0$ について　　$D > 0 \Leftrightarrow$ 異なる 2 つの実数解をもつ．

$D = 0 \Leftrightarrow 1$ つの実数解（重解）をもつ．

$D < 0 \Leftrightarrow$ 異なる 2 つの虚数解をもつ．

> 例題 16.5. 2 次方程式 $x^2 + x + 1 = 0$ を解け．

解答： $x = \dfrac{-1 \pm \sqrt{-3}}{2} = -\dfrac{1}{2} \pm \dfrac{\sqrt{3}}{2}i$.

> 例題 16.6. 次の式を計算せよ．　$\sqrt{-2} \times \sqrt{-3}$

解答： $\sqrt{-2} \times \sqrt{-3} = \sqrt{2}i \times \sqrt{3}i = \sqrt{2} \times \sqrt{3}i^2 = \sqrt{6}i^2 = -\sqrt{6}$

　　このようにルートの中が負の場合は，まず $\sqrt{-a} = \sqrt{a}i$ のように i を用いた形にすること．a, b が正であれば $\sqrt{a} \cdot \sqrt{b} = \sqrt{ab}$ が成り立つが，a, b が負の場合は成り立たないことに注意．つまり $\sqrt{-2} \cdot \sqrt{-3} = \sqrt{(-2) \cdot (-3)} = \sqrt{6}$ ではなく，上のように $\sqrt{-2} \cdot \sqrt{-3} = -\sqrt{6}$ となる．

[†] つまり $|z|^2 = z\bar{z}$ であり，実数の場合と違って一般には $|z|^2 = z^2$ が成り立たない．

16.2　極形式

複素数 $z = a + bi$ に座標平面上の点 (a, b) を対応させてみよう.

このように複素数を対応させたとき, その平面を**複素数平面**と呼ぶ[‡].

このとき, 実数 $a = a + 0i$ は x 軸上の点 $(a, 0)$ で, 純虚数

$bi = 0 + bi$ は y 軸上の点 $(0, b)$ で表されるので, x 軸を**実軸**,

y 軸を**虚軸**と呼ぶ.

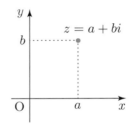

　座標平面上の点 P は原点 O からの距離 r と, x 軸の正の部分を始線とする動径 OP の表す

角 θ で定めることができる. このとき, (r, θ) を点 P の**極座標**という. 複素数平面において点

$z = x + iy$ の極座標を (r, θ) とすると $x = r\cos\theta, y = r\sin\theta$ だから

z は $z = r(\cos\theta + i\sin\theta)$ と表される. これを z の**極形式**という.

また θ を z の**偏角**といい, $\theta = \arg z$ と表す. 本書では

$-\pi < \arg z \leqq \pi$ とする[§]. z の絶対値 $|z|$ は複素数平面において

原点 O から z までの距離 r となる.

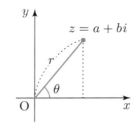

例題 16.7. 次の複素数 z の絶対値 r と偏角 θ を求めよ.

(1) $z = 3$ 　(2) $z = 2i$ 　(3) $z = 2 + 2i$ 　(4) $z = \sqrt{3} - i$

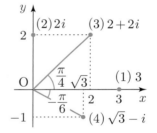

解答: (1) $r = 3, \theta = 0$ 　　(2) $r = 2, \theta = \dfrac{\pi}{2}$

　　　 (3) $r = 2\sqrt{2}, \theta = \dfrac{\pi}{4}$ 　(4) $r = 2, \theta = -\dfrac{\pi}{6}$

極形式は $re^{i\theta}$ とも表す[¶]. $r = 1$ のときの式 $e^{i\theta} = \cos\theta + i\sin\theta$ を**オイラーの公式**という.

例題 16.8. $z = re^{i\theta}, w = se^{i\varphi}$ のとき, zw を計算せよ.

解答: $zw = r(\cos\theta + i\sin\theta) \cdot s(\cos\varphi + i\sin\varphi)$

$\qquad = rs\left((\cos\theta\cos\varphi - \sin\theta\sin\varphi) + i(\cos\theta\sin\varphi + \sin\theta\cos\varphi)\right)$

$\qquad = rs(\cos(\theta + \varphi) + i\sin(\theta + \varphi)) = rse^{i(\theta + \varphi)}$

[‡] 複素平面, ガウス平面とも呼ぶ.

[§] $z \neq 0$ のとき, 偏角 $\arg z$ は 2π の整数倍を除いて決まるので, z の一つの偏角を θ_0 $(-\pi < \theta_0 \leqq \pi)$ とすると,
　一般には $\arg z = \theta_0 + 2m\pi$ (m は整数) である.

[¶] 工学では $r\angle\theta$ と書くこともある.

よって $(re^{i\theta})(se^{i\varphi}) = rse^{i(\theta+\varphi)}$, さらに $(re^{i\theta})^n = r^n e^{in\theta}$ なので次の公式が得られる.

$$|zw| = |z|\,|w|, \quad \arg(zw) = \arg z + \arg w \,^\dagger \qquad (z, w \text{ は複素数})$$

$$(\cos\theta + i\sin\theta)^n = \cos n\theta + i\sin n\theta \qquad (\text{ド・モアブルの公式})$$

複素平面上でみると, 複素数 z に $w = se^{i\varphi}$ を掛けることは
動径 $\mathrm{O}z$ を s 倍して φ だけ回転させることに対応している.
また, 上の最初の公式より $|z|\left|\dfrac{1}{z}\right| = \left|z\cdot\dfrac{1}{z}\right| = |1| = 1$,
$\arg z + \arg\dfrac{1}{z} = \arg\left(z\cdot\dfrac{1}{z}\right) = \arg 1 = 0$ であるから
複素数 z, w に対して, 次の公式が得られる.

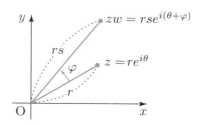

$$\left|\frac{1}{z}\right| = \frac{1}{|z|} \qquad \arg\frac{1}{z} = -\arg z \qquad \frac{1}{re^{i\theta}} = \frac{1}{r}e^{i(-\theta)}$$

$$\left|\frac{z}{w}\right| = \frac{|z|}{|w|} \qquad \arg\left(\frac{z}{w}\right) = \arg z - \arg w \qquad \frac{re^{i\theta}}{se^{i\varphi}} = \frac{r}{s}e^{i(\theta-\varphi)}$$

例題 16.9. 極形式を利用して次の複素数を $a+bi$ の形で表せ. (1) $\left(\sqrt{3}+i\right)^5$ (2) $\left(\dfrac{1+\sqrt{3}\,i}{1+i}\right)^8$

解答: (1) 右図より $\sqrt{3}+i = 2\left(\cos\dfrac{\pi}{6} + i\sin\dfrac{\pi}{6}\right)$ だから

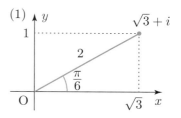

$$\left(\sqrt{3}+i\right)^5 = 2^5\left(\cos\frac{\pi}{6} + i\sin\frac{\pi}{6}\right)^5 = 32\left(\cos\frac{5}{6}\pi + i\sin\frac{5}{6}\pi\right)$$

$$= 32\left(-\frac{\sqrt{3}}{2} + \frac{1}{2}i\right) = -16\sqrt{3} + 16\,i$$

(2) 右図より $1+\sqrt{3}\,i = 2\left(\cos\dfrac{\pi}{3} + i\sin\dfrac{\pi}{3}\right) = 2e^{\frac{\pi}{3}i}$,

$1+i = \sqrt{2}\left(\cos\dfrac{\pi}{4} + i\sin\dfrac{\pi}{4}\right) = \sqrt{2}\,e^{\frac{\pi}{4}i}$ だから $\dfrac{1+\sqrt{3}\,i}{1+i}$

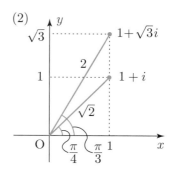

$$= \frac{2e^{\frac{\pi}{3}i}}{\sqrt{2}\,e^{\frac{\pi}{4}i}} = \sqrt{2}\,e^{\frac{4-3}{12}\pi i} = \sqrt{2}\,e^{\frac{\pi}{12}i} = \sqrt{2}\left(\cos\frac{\pi}{12} + i\sin\frac{\pi}{12}\right)$$

よって $\left(\dfrac{1+\sqrt{3}\,i}{1+i}\right)^8 = \left(\sqrt{2}\right)^8\left(\cos\dfrac{\pi}{12} + i\sin\dfrac{\pi}{12}\right)^8$

$$= 2^4\left(\cos\frac{8}{12}\pi + i\sin\frac{8}{12}\pi\right) = 16\left(\cos\frac{2}{3}\pi + i\sin\frac{2}{3}\pi\right)$$

$$= 16\left(-\frac{1}{2} + \frac{\sqrt{3}}{2}i\right) = -8 + 8\sqrt{3}\,i$$

---

† 偏角に関する等式は 2π の違いを除いて等しいという意味である.

練習問題 16

A16.1 次式を $a + bi$ の形で表せ.

(1) $8i - 5i$　　(2) $(3 + 2i) + (2 + i)$　　(3) $\sqrt{-3}$　　　　(4) $-\sqrt{-9}$

(5) $1 + \sqrt{-2}$　　(6) $i(2 + i)$　　　　(7) $(1 + 2i)(2 - i)$　　(8) $(3 + 2i)^2$

(9) $\dfrac{1}{1 + i}$　　(10) $\dfrac{1 - i}{1 + i}$　　　　(11) $\dfrac{1 + 2i}{2 + i}$

A16.2 $z = \sqrt{5} + 2i,\, w = 2 + \sqrt{5}i$ のとき，次式を計算せよ.

(1) zw　　(2) $z\overline{w}$　　(3) $\overline{z}w$　　(4) $\overline{z}\,\overline{w}$　　(5) $|z|$　　(6) $\overline{\overline{z}}$

(7) $|\overline{z}|$　　(8) $|w|$　　(9) $|zw|$　　(10) $|z\overline{w}|$　　(11) $\left|\dfrac{z}{w}\right|$

A16.3 次の 2 次方程式を解け.

(1) $x^2 - x + 1 = 0$　　(2) $x^2 + 2x + 2 = 0$　　(3) $2x^2 + x + 1 = 0$

(4) $2x^2 + 2x + 1 = 0$　　(5) $3x^2 + 2x + 1 = 0$

A16.4 次の式を計算せよ.

(1) $\sqrt{-1} + \sqrt{-4}$　　(2) $\sqrt{-18} + \sqrt{-8}$　　(3) $\sqrt{-1} \times \sqrt{-2}$

(4) $\sqrt{-2} \times \sqrt{-3}$　　(5) $\sqrt{-8} \times \sqrt{-18}$　　(6) $\dfrac{\sqrt{6}}{\sqrt{-2}}$　　(7) $\dfrac{\sqrt{-6}}{\sqrt{-2}}$

A16.5 次の複素数 z の絶対値 r と偏角 θ を求めよ.

(1) $z = 2$　　　　(2) $z = \sqrt{5}i$　　　　(3) $z = -\sqrt{3}i$　　　　(4) $z = -5$

(5) $z = 3\sqrt{3} + 3i$　　(6) $z = -4 + 4i$　　(7) $z = 1 - \sqrt{3}i$　　(8) $z = -3 - \sqrt{3}i$

A16.6 $z = 1 + i,\, w = \sqrt{3} + i$ のとき，極形式を利用して次式を計算せよ.

(1) $(zw)^2$　　(2) $(z\overline{w})^4$　　(3) $\left(\dfrac{z}{w}\right)^6$　　(4) $\left(\dfrac{w}{z}\right)^8$

C16.1 $e^{i\alpha}e^{i\beta}$ をオイラーの公式を用いて 2 通りに計算することにより，三角関数の加法定理

$$\begin{cases} \sin(\alpha + \beta) = \sin\alpha\cos\beta + \cos\alpha\sin\beta \\ \cos(\alpha + \beta) = \cos\alpha\cos\beta - \sin\alpha\sin\beta \end{cases}$$ を導け．

C16.2 $e^{i\theta} = \cos\theta + i\sin\theta$ と $e^{-i\theta} = \cos\theta - i\sin\theta$ という式より，$\cos\theta$ は $e^{i\theta}$ と $e^{-i\theta}$ を用いて

$$\cos\theta = \frac{e^{i\theta} + e^{-i\theta}}{2}$$

と表すことができる．このとき，次の問いに答えよ．

(1) $\cos\theta$ と同様に，$\sin\theta$ を $e^{i\theta}$ と $e^{-i\theta}$ を用いて表せ．

(2) $\cos\theta$ と $\sin\theta$ のこれらの表示式から，$\cos^2\theta + \sin^2\theta = 1$ となることを確認せよ．

第 17 章　補足：図形と方程式

17.1　直線と方程式

1 次方程式 $ax + by + c = 0$ の表す図形は直線となる* （ただし，a, b がともに 0 の場合は考えない）．

2 直線 $l : y = mx + n$, $l' : y = m'x + n'$ $(m \neq 0, m' \neq 0)$ が平行であるか，垂直であるかは傾きを見ればよい．ここで，$m = m'$, $n = n'$ のときは l と l' は一致するが，この場合も平行であるとする．$m > 0$ のときの垂直条件については右図を参照．

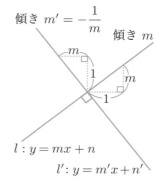

傾き $m' = -\dfrac{1}{m}$　傾き m

$l : y = mx + n$

$l' : y = m'x + n'$

> l, l' が平行 $\Leftrightarrow m = m'$　　l, l' が垂直 $\Leftrightarrow mm' = -1$

例題 17.1. 点 $(3, 4)$ を通り，次の条件を満たす直線の方程式を求めよ．

(1) 傾きが 5　(2) $2x - y + 1 = 0$ に平行　(3) $3x - y + 2 = 0$ に垂直

解説：(1) 点 (p, q) を通り傾きが m の直線の方程式は $y - q = m(x - p)$ であるから，$y - 4 = 5(x - 3)$, すなわち $y = 5x - 11$ である．　(2) $2x - y + 1 = 0 \Leftrightarrow y = 2x + 1$ であり，平行な直線の傾きは同じだから $y - 4 = 2(x - 3)$, すなわち $2x - y - 2 = 0$ である．

(3) $3x - y + 2 = 0 \Leftrightarrow y = 3x + 2$ であり，直線 $y = mx + n$ に垂直な直線の傾きは $-\dfrac{1}{m}$ だから，求める直線の傾きは $-\dfrac{1}{3}$ なので $y - 4 = -\dfrac{1}{3}(x - 3)$, すなわち $x + 3y - 15 = 0$ である．

　　点 $\mathrm{P}(p, q)$ と直線 $l : ax + by + c = 0$ の距離 d を考えよう（ここでは $a \neq 0, b \neq 0$ として考えるが，得られる公式は a, b のうちいずれか一方が 0 でなければ成り立つ）．そのためにまず，点 P を通り，直線 l に平行な直線 l' の方程式を求める．直線 l' の傾きは直線 l の傾き $-\dfrac{a}{b}$ と同じなので，$ax + by - M = 0$ とおける．さらに，点 $\mathrm{P}(p, q)$ を通るので $M = ap + bq$ となる．

---

*$b \neq 0$ のときは直線 $y = -\dfrac{a}{b}x - \dfrac{c}{b}$ であり，$b = 0$ かつ $a \neq 0$ のときは直線 $x = -\dfrac{c}{a}$ である．

ここで下図のように点 A, B, C をとると, 2 線分 AB, AC の長さはそれぞれ, d, $\dfrac{|M+c|}{|a|}$ である.

さらに点 Q, R, S を線分 QR の長さが $|a|$ となるようにとると, 直線 l の傾きは $-\dfrac{a}{b}$ なので, 線分

RS の長さは $|b|$ となる. ここで $\triangle$ABC と $\triangle$QRS は相似だから $d : \dfrac{|M+c|}{|a|} = |a| : \sqrt{a^2+b^2}$

より, $d = \dfrac{|M+c|}{\sqrt{a^2+b^2}}$ である. よって, 次の公式が得られる.

> 点 P(p,q) と直線 $l : ax+by+c=0$ の距離 d は $d = \dfrac{|ap+bq+c|}{\sqrt{a^2+b^2}}$ である.

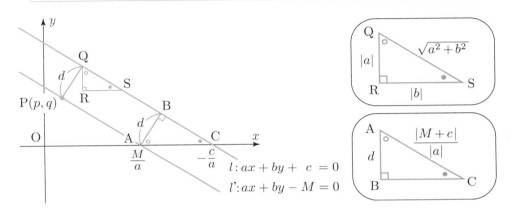

> 例題 17.2. 直線 $l : 3x+4y+1=0$ と点 $(-1,-2)$ との距離 d を求めよ.

解答: 点と直線の距離の公式より $d = \dfrac{|3\cdot(-1)+4\cdot(-2)+1|}{\sqrt{3^2+4^2}} = 2.$

17.2 円と直線

点 P(p,q) を中心とする半径 r の円は点 P との距離が r である点 (x,y) の集まりであるから, その方程式は $(x-p)^2+(y-q)^2=r^2$ である.

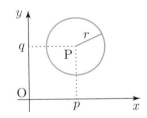

> 例題 17.3. 方程式 $x^2+y^2+4x+6y+12=0$ の表す図形を座標平面上に描け.

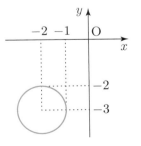

解答: $x^2+y^2+4x+6y+12=0$

$\Leftrightarrow (x^2+2\cdot2x+2^2)+(y^2+2\cdot3y+3^2)-2^2-3^2+12=0$

$\Leftrightarrow (x+2)^2+(y+3)^2=1$ だから, この方程式は点 $(-2,-3)$ を中心とする半径 1 の円を表す. したがって右図のようになる.

方程式 $x^2 + y^2 + px + qy + r = 0$ は $(x-a)^2 + (y-b)^2 = k$ の形に変形される．このとき，$k > 0$ ならば，中心 (a,b)，半径 $\sqrt{k}$ の円を表し，$k = 0$ ならば，1 点 (a,b) を表し，$k < 0$ ならば，この方程式の表す図形はない．

例題 17.4. 直線 $l : y = x + k$ が，円 $C : x^2 + y^2 = 1$ と共有点をもつときの k の値の範囲を求めよ．

解答：円 C の中心 $(0,0)$ と直線 $l : x - y + k = 0$ の距離 d が円 C の半径 1 以下であるとき，直線 l と円 C は共有点を持つ．ここで $d = \dfrac{|1 \cdot 0 - 1 \cdot 0 + k|}{\sqrt{1^2 + (-1)^2}} = \dfrac{|k|}{\sqrt{2}}$ であるから，

$\dfrac{|k|}{\sqrt{2}} \leqq 1$ より $|k| \leqq \sqrt{2}$，すなわち $-\sqrt{2} \leqq k \leqq \sqrt{2}$ である．

17.3　不等式の表す領域

　与えられた x, y についての不等式を満たす点 (x, y) 全体の集合を，その**不等式の表す領域**という．

例題 17.5. 不等式 $y \geqq x + 1$ の表す領域を図示せよ．

解説：図示するのは $(0,3)$ のように，不等式 $y \geqq x + 1$ を満たす点 (x, y) 全体である．最初に等式 $y = x + 1$ で表されるグラフを図示する．次に $y > x + 1$ で表される領域を図示するためにまず具体的な x，例えば $x = 2$ について考えてみよう．このとき，y 座標が $y > x + 1 = 2 + 1 = 3$，すなわち $y > 3$ を満たす点 $(2, y)$ の全体が求める領域の $x = 2$ の部分で，下図左のようになる．同様に他の x についても $y = x + 1$ のグラフの上部であることが分かる．したがって，求める領域は下図右のようになる[†]．

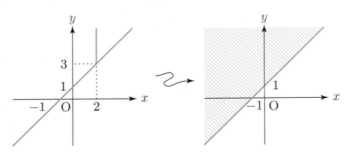

不等式 $y \leqq x + 1$ の表す領域は $y = x + 1$ のグラフおよび，そのグラフの下部である．

[†] 不等式で表される領域を図示する場合，x, y のうち一方を上のように固定して考えると分かりやすくなる．多くの場合 x を具体的な数とせずに，x を固定して考えるとだけ断って x をそのまま用いる．

例題 17.6. 不等式 $x^2 + y^2 \leqq 1$ の表す領域を図示せよ.

解説: y について解いてもいいが, 式の意味を
考えてみる. 左辺は原点からの距離の 2 乗で,
それが 1 以下だから, 求める領域は原点からの
距離が $\sqrt{1} = 1$ 以下の点の集まりである.

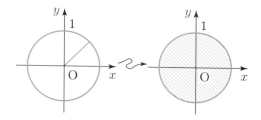

例題 17.7. 不等式 $y \geqq x + 1$, $x^2 + y^2 \leqq 1$ の表す領域を図示せよ.

解説: 不等式 $y \geqq x + 1$ を満たす点の集まりと, 不等式 $x^2 + y^2 \leqq 1$ を満たす点の集まりだか
ら, それぞれの不等式で表される領域の共通部分
になる. そこでまず, 片方の不等式で表される
領域を描いて, その上にもう片方の不等式で表
される領域を重ねて描く (右図左). そしてそれ
ぞれの等式で表されるグラフと共に, 共通の領域
だけを取り出したものが求めるものである (右図右).

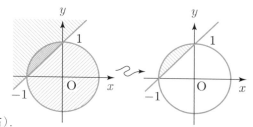

例題 17.8. 不等式 $(x + 1)(y - 1) \geqq 0$ の表す領域を図示せよ.

解説: まず等式 $(x + 1)(y - 1) = 0$ で表される点の集まりを図示する. これは掛けて 0 だから,
どちらかが 0 であればよいので $x + 1 = 0$ または $y - 1 = 0$ を満たす点の集まりである. 従って
2 直線 $x = -1$, $y = 1$ を図示する. 次に $(x + 1)(y - 1) > 0$ で表される領域を図示する. これは
掛けて正の数だから, $x + 1$, $y - 1$ が共に正か, または共に負を満たす点の集まりである.

従って
$$\begin{cases} x + 1 > 0 \\ y - 1 > 0 \end{cases} \text{または} \begin{cases} x + 1 < 0 \\ y - 1 < 0 \end{cases}$$

となる. 左は $x > -1$ かつ $y > 1$ の点の集まりだから下図左 (斜線部. 境界は除く) になり, 右
は $x < -1$ かつ $y < 1$ の点の集まりだから下図中央 (斜線部. 境界は除く) のようになる. 従っ
て求める領域はこれら 2 つの領域と 2 直線 $x = -1$, $y = 1$ を合わせたものになる.

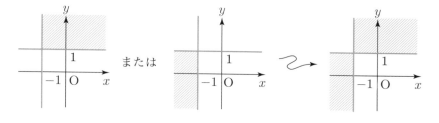

下の左図の領域 D を不等式で表すと $x \leqq y \leqq e^x$, $0 \leqq x \leqq 1$ のようになる．このように $f(x) \leqq y \leqq g(x)$, $a \leqq x \leqq b$ （a, b は定数）の形で表される領域を**縦線型領域**という．

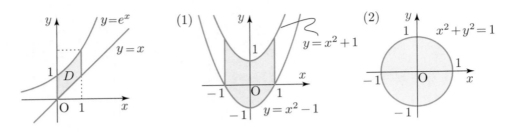

例題 17.9. 上図 (1), (2) の領域（境界を含む）を縦線型領域として不等式で表せ．

解答： (1) $x^2 - 1 \leqq y \leqq x^2 + 1$, $-1 \leqq x \leqq 1$.

(2) 領域の左端は $x = -1$，右端は $x = 1$ であり，左端から右端まで上下の境界の曲線はそれぞれ，$y = \sqrt{1 - x^2}$, $y = -\sqrt{1 - x^2}$ と表されるから $-\sqrt{1 - x^2} \leqq y \leqq \sqrt{1 - x^2}$, $-1 \leqq x \leqq 1$.

また，$f(y) \leqq x \leqq g(y)$, $c \leqq y \leqq d$ （c, d は定数）の形で表される領域を**横線型領域**という．下の左図は縦線型領域 $x^2 \leqq y \leqq 1$, $0 \leqq x \leqq 1$ としても横線型領域 $0 \leqq x \leqq \sqrt{y}$, $0 \leqq y \leqq 1$ としても表される．

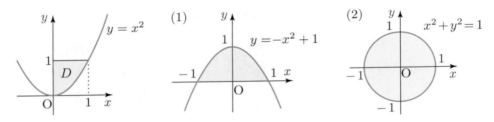

例題 17.10. 上図 (1), (2) の領域（境界を含む）を横線型領域として不等式で表せ．

解答： (1) 領域の上端は $y = 1$，下端は $y = 0$ であり，上端から下端まで左右の境界の曲線はそれぞれ，$x = -\sqrt{1 - y}$, $x = \sqrt{1 - y}$ と表されるから $-\sqrt{1 - y} \leqq x \leqq \sqrt{1 - y}$, $0 \leqq y \leqq 1$.

(2) 領域の上端は $y = 1$，下端は $y = -1$ であり，上端から下端まで左右の境界の曲線はそれぞれ，$x = -\sqrt{1 - y^2}$, $x = \sqrt{1 - y^2}$ と表されるから $-\sqrt{1 - y^2} \leqq x \leqq \sqrt{1 - y^2}$, $-1 \leqq y \leqq 1$.

練習問題 17

A17.1 点 $(2, 1)$ を通り，次の条件を満たす直線の方程式を求めよ．

(1) 傾きが 4   (2) $y = 3x + 2$ に平行   (3) $y = 2x + 1$ に垂直

A17.2 2 点 $(-1, 3), (4, -2)$ を通る直線の方程式を求めよ.

A17.3 直線 $l : x + 2y + 3 = 0$ と点 $\mathrm{P}(-2, 2)$ との距離 d を求めよ.

A17.4 方程式 $x^2 + y^2 - 2x - 4y + 1 = 0$ の表す図形を座標平面上に描け.

A17.5 直線 $l : y = 2x + k$ が, 円 $C : x^2 + y^2 = 1$ と共有点をもつときの k の値の範囲を求めよ.

A17.6 次の不等式の表す領域を図示せよ.

(1) $y \leqq x + 2$　(2) $y \leqq x^2 + x - 2$　(3) $y \leqq -x^2 - x + 2$　(4) $x^2 + y^2 \geqq 4$

A17.7 次の不等式の表す領域を図示せよ.

(1)$(x - 2)^2 + (y - 2)^2 \leqq 1$　(2) $x^2 + y^2 - 2y \leqq 0$　　(3) $x \geqq 0, \ y \leqq 0$

(4) $y \leqq x, \ y \geqq -x + 2$　　(5) $x - y \geqq 0, \ x + y \geqq 2$　(6) $y \leqq x + 2, \ y \geqq x^2 + x - 2$

A17.8 次の領域（境界含む）を (1), (2) は縦線型領域として, (3) は横線型領域として表せ.

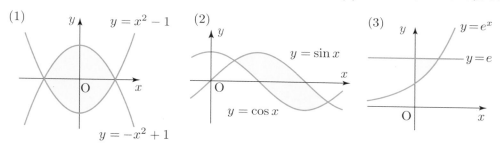

B17.1 点 $(2, 1)$ を通り, 次の条件を満たす直線の方程式を求めよ.

(1) $4x + 6y + 5 = 0$ に平行　(2) $2x - y - 1 = 0$ に垂直

B17.2 直線 $ax + 2y + 5 = 0$ が直線 $2x + 3y + 5 = 0$ に垂直であるとき, 定数 a の値を求めよ.

B17.3 次の不等式の表す領域を図示せよ.

(1) $x^2 + y^2 \geqq 1, \ y \leqq x + 1$　　　(2) $x^2 - 2x + y^2 \leqq 3, \ x^2 + y^2 \geqq 1$

(3) $(x^2 + y^2 - 1)(x - y + 1) \geqq 0$　(4) $(y - x^2 + 4)(y - x - 2) \leqq 0$

B17.4 次の縦線型領域を図示し, 横線型領域として不等式で表せ.

(1) $x \leqq y \leqq 1, 0 \leqq x \leqq 1$　(2) $0 \leqq y \leqq x^2, 0 \leqq x \leqq 1$

練習問題の解答

A1.1　(1)(4) 　(2) 　(3)

A1.2　(1) $y = 2x - 4$　(2) $y = -\dfrac{1}{3}x - \dfrac{1}{3}$

A1.3　(1) 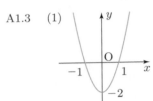　(2) 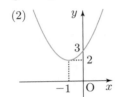　(3)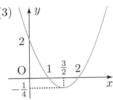

(4) 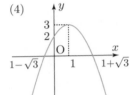　(5) 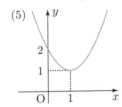　(6)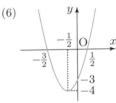

A1.4　(1) $y = x^2 - 6x + 7$　(2) $y = -x^2 + 2x$　(3) $y = x^2 + 2x$

A1.5　$(f \circ f)(x) = x + 2$,　$(f \circ g)(x) = x^2$,　$(g \circ f)(x) = x^2 + 2x$,　$(g \circ g)(x) = x^4 - 2x^2$

B1.1　(1) $y = 2x^2 + 5x + 9$　(2) $y = 2x^2 - 11x + 21$

B1.2　(1) $y = \dfrac{x}{2}$　(2) $y = \dfrac{x}{2} - \dfrac{1}{2}$

C1.1　(1) 10 [m]　(2) 69 [km/時]

C1.2　(1) 4.3 秒後　(2) 14.7 [m/秒]

A2.1　(1)　　　(2)　　　(3)　　　(4)

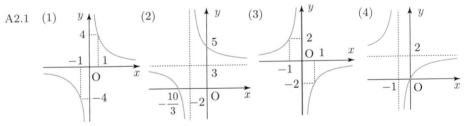

A2.2　(1) $x < -2, 0 < x < 2$　　(2) $-3 < x < -2, 2 < x$

(3) $-\sqrt{2} < x < 0, \sqrt{2} < x$　(4) $-2 < x < -1, 1 < x$

A2.3　(1)　　(2)　　(3)　　(4)　　(5)

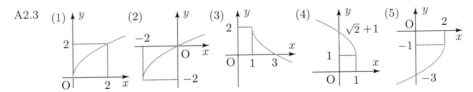

A2.4　(1) $-2 < x < 0$　(2) $1 \leqq x < 3$　(3) $-1 < x < 1$

B2.1 $y = \dfrac{\frac{bc-ad}{c^2}}{x-\left(-\frac{d}{c}\right)} + \dfrac{a}{c}$

C2.1 (1) $\sqrt{1-x^2}$ [m] (2) 0.89 [m] と 0.45 [m]

C2.2 2.9 [m]

A3.1 (1) AC $= \dfrac{\sqrt{3}}{2}$, BC $= \dfrac{1}{2}$ (2) AC $=$ BC $= \dfrac{1}{\sqrt{2}}$ (3) AC $= \dfrac{1}{2}$, BC $= \dfrac{\sqrt{3}}{2}$

A3.2 (1) AB $= \dfrac{2}{\sqrt{3}}$, BC $= \dfrac{1}{\sqrt{3}}$ (2) AB $= 2$, BC $= \sqrt{3}$

A3.3 順に $\dfrac{\pi}{6},\ \dfrac{\pi}{3},\ \dfrac{2}{3}\pi,\ \dfrac{3}{4}\pi,\ \pi,\ \dfrac{5}{4}\pi,\ \dfrac{4}{3}\pi,\ \dfrac{5}{3}\pi,\ \dfrac{7}{4}\pi$

A3.4 $\left\{\dfrac{\pi}{4},\ \dfrac{17}{4}\pi,\ -\dfrac{7}{4}\pi\right\}$, $\left\{\dfrac{3}{4}\pi,\ \dfrac{11}{4}\pi,\ -\dfrac{13}{4}\pi\right\}$

A3.5 順に $0°,\ 45°,\ 90°,\ 150°,\ 180°,\ 210°,\ 270°,\ 330°,\ 360°$

A3.6

θ	$-\pi$	$-\dfrac{\pi}{4}$	$\dfrac{\pi}{6}$	$\dfrac{\pi}{2}$	$\dfrac{2}{3}\pi$	$\dfrac{3}{4}\pi$	$\dfrac{7}{6}\pi$	$\dfrac{4}{3}\pi$	$\dfrac{3}{2}\pi$	$\dfrac{11}{6}\pi$
$\sin\theta$	0	$-\dfrac{1}{\sqrt{2}}$	$\dfrac{1}{2}$	1	$\dfrac{\sqrt{3}}{2}$	$\dfrac{1}{\sqrt{2}}$	$-\dfrac{1}{2}$	$-\dfrac{\sqrt{3}}{2}$	-1	$-\dfrac{1}{2}$
$\cos\theta$	-1	$\dfrac{1}{\sqrt{2}}$	$\dfrac{\sqrt{3}}{2}$	0	$-\dfrac{1}{2}$	$-\dfrac{1}{\sqrt{2}}$	$-\dfrac{\sqrt{3}}{2}$	$-\dfrac{1}{2}$	0	$\dfrac{\sqrt{3}}{2}$
$\tan\theta$	0	-1	$\dfrac{1}{\sqrt{3}}$	/	$-\sqrt{3}$	-1	$\dfrac{1}{\sqrt{3}}$	$\sqrt{3}$	/	$-\dfrac{1}{\sqrt{3}}$

A3.7 (1) $\cos 5$ (2) $\cos\dfrac{\pi}{3}$ (3) $\cos 2$ (4) $\sin\dfrac{\pi}{2}$ (5) $\sin 3$ (6) $\sin 6$

A3.8 (1) $\dfrac{5}{4}\pi,\ \dfrac{7}{4}\pi$ (2) $\dfrac{5}{6}\pi,\ \dfrac{7}{6}\pi$ (3) $\dfrac{5}{6}\pi,\ \dfrac{11}{6}\pi$ (4) $\dfrac{\pi}{3} < \theta < \dfrac{2}{3}\pi$
(5) $\dfrac{3}{4}\pi < \theta < \dfrac{5}{4}\pi$ (6) $\dfrac{\pi}{4} < \theta < \dfrac{\pi}{2},\ \dfrac{5}{4}\pi < \theta < \dfrac{3}{2}\pi$

A3.9 (1) $\dfrac{\pi}{4}$ (2) $\dfrac{4}{3}\pi$ (3) $\dfrac{2}{3}\pi$ (4) $-\dfrac{3}{4}$ (5) $-\dfrac{\pi}{3}$ (6) $\dfrac{5}{6}\pi$

A3.10 (1) 1 (2) $-\dfrac{\sqrt{3}}{2}$ (3) 1 (4) $\dfrac{\sqrt{3}}{2}$

A3.11 略

B3.1 (1) $x = a\sin\theta$ (2) $x = \dfrac{a}{\cos\theta}$

B3.2 $\theta = \dfrac{\pi}{180}a,\quad a = \dfrac{180}{\pi}\theta$

C3.1 (1) 1675 [km/時] (2) 北緯 60 度

C3.2 $\tan\theta = \dfrac{1}{\sqrt{7}}$

C3.3 137 [m]

A4.1　(1) $\dfrac{\sqrt{2}+\sqrt{6}}{4}$　(2) $\dfrac{\sqrt{6}-\sqrt{2}}{4}$

A4.2　(1) $\cos\alpha\cdot\cos\beta+\sin\alpha\cdot\sin\beta$　(2) $\dfrac{\tan\alpha-\tan\beta}{1+\tan\alpha\cdot\tan\beta}$

A4.3　略

A4.4　略

A4.5　(1) $\sin\theta=\dfrac{4}{5},\ \cos\theta=\dfrac{3}{5}$　(2) $\sin 2\theta=\dfrac{24}{25},\ \cos 2\theta=-\dfrac{7}{25}$　(3) $\sin\dfrac{\theta}{2}=\dfrac{1}{\sqrt{5}},\ \cos\dfrac{\theta}{2}=\dfrac{2}{\sqrt{5}}$

A4.6　(1) $y=2\sin\left(x+\dfrac{\pi}{3}\right)$　(2) $y=2\sin\left(x-\dfrac{\pi}{3}\right)$　(3) $y=\sqrt{2}\sin\left(x+\dfrac{\pi}{4}\right)$

　　　(4) $y=\sqrt{2}\sin\left(x-\dfrac{\pi}{4}\right)$　(5) $y=2\sin\left(x-\dfrac{\pi}{6}\right)$

A4.7　略

B4.1　(1) $\dfrac{\sqrt{6}-\sqrt{2}}{4}$　(2) $\dfrac{\sqrt{6}+\sqrt{2}}{4}$　(3) $2-\sqrt{3}$

B4.2　0

B4.3　略

B4.4　略

B4.5　略

B4.6　(1) $\cos\theta$　(2) $\sin\theta$　(3) 0　(4) 1

C4.1　(1) $2-\sqrt{3}$　(2) 1.07 [cm]

C4.2　(1) $\sqrt{2}\sin\left(x+\dfrac{\pi}{4}\right)$ など　(2) $\dfrac{\sqrt{6}}{2}$

A5.1　(1) 〜 (3) についてはグラフは下のようになる．(4) 〜 (6) については略．

　　　(7) 〜 (9) についてはグラフは次ページのようになる．

　　　周期は (1) $\dfrac{2}{3}\pi$　(2) 2π　(3) $\dfrac{\pi}{2}$　(4) $\dfrac{2}{3}\pi$　(5) 2π　(6) $\dfrac{\pi}{2}$　(7) 2π　(8) 2π　(9) π

(1)
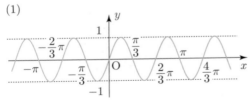

(2)
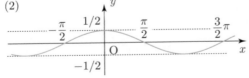

(3)
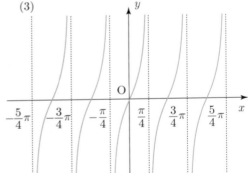

(7)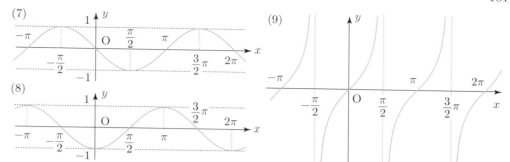

(9)

(8)

A5.2 グラフは下のようになる.

なお, (1) $y = \sqrt{2} \sin \left(x + \dfrac{\pi}{4} \right)$ (2) $y = \sqrt{2} \sin \left(x - \dfrac{\pi}{4} \right)$ (3) $y = 2 \sin \left(x - \dfrac{\pi}{6} \right)$

(1)

(2)

(3)

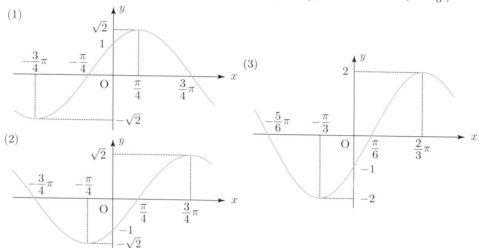

B5.1 (1) (2) とも右のようになる.

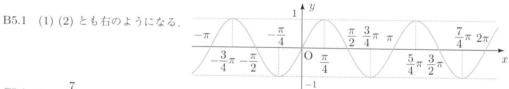

C5.1 $\alpha = \dfrac{7}{12}\pi$

A6.1 (1) 1 (2) $\dfrac{1}{8}$ (3) 49 (4) $\dfrac{1}{9}$ (5) 2 (6) 27 (7) $\dfrac{1}{8}$

A6.2 (1) $a^{\frac{5}{2}}$ (2) $a^{\frac{7}{12}}$ (3) $a^{\frac{13}{6}}$ (4) $a^{-\frac{3}{5}}$ (5) $a^{-\frac{4}{3}}$ (6) a^4 (7) a^{10} (8) $a^{\frac{3}{4}}$ (9) $a^{\frac{1}{8}}$

A6.3 (1) $a^4 b^2$ (2) $a^{\frac{8}{15}} b^{\frac{3}{4}}$ (3) $a^6 b^3$ (4) $a^{\frac{7}{12}} b^{\frac{1}{6}}$ (5) ab

A6.4 (1) $\dfrac{5}{9}$ (2) $a - b$ (3) $\dfrac{1}{10}$

A6.5 (1) $2^2 < 2^e < 2^3 < 2^\pi < 2^4$ (2) $\sqrt[3]{9} < \sqrt[7]{243} < \sqrt[5]{81}$

(3) $e^2 < e^e < e^3 < e^\pi < e^4$ (4) $\sqrt{3} < 9^{\frac{1}{3}} < \sqrt[6]{3^5}$

(5) $\left(\dfrac{1}{2} \right)^4 < \left(\dfrac{1}{2} \right)^\pi < \left(\dfrac{1}{2} \right)^3 < \left(\dfrac{1}{2} \right)^e < \left(\dfrac{1}{2} \right)^2$ (6) $\sqrt[4]{\dfrac{1}{8}} < \sqrt[3]{\dfrac{1}{4}} < \sqrt{\dfrac{1}{2}}$

A6.6　(1) $x = 3$　(2) $x = \dfrac{3}{2}$　(3) $x < -\dfrac{3}{2}$

A6.7　(1) $x = 0, 2$　(2) $x = 1, 2$　(3) $x = 1$　(4) $x > 2$

B6.1　(1) $x = \pm 1$　(2) $x = \pm 1$　(3) $x > 2$　(4) $x = -2, -1$

B6.2　(1) π　(2) 1　(3) 1

C6.1　(1) $\{f(x)\}^2 - \{g(x)\}^2 = \left(\dfrac{a^x + a^{-x}}{2}\right)^2 - \left(\dfrac{a^x - a^{-x}}{2}\right)^2$

$\qquad = \dfrac{a^{2x} + 2 + a^{-2x}}{4} - \dfrac{a^{2x} - 2 + a^{-2x}}{4} = \dfrac{4}{4} = 1$

$\qquad$(2) $f(x)f(y) + g(x)g(y) = \dfrac{a^x + a^{-x}}{2} \cdot \dfrac{a^y + a^{-y}}{2} + \dfrac{a^x - a^{-x}}{2} \cdot \dfrac{a^y - a^{-y}}{2}$

$\qquad = \dfrac{a^{x+y} + a^{x-y} + a^{-x+y} + a^{-x-y}}{4} + \dfrac{a^{x+y} - a^{x-y} - a^{-x+y} + a^{-x-y}}{4} = \dfrac{a^{x+y} + a^{-x-y}}{2}$

$\qquad = f(x + y)$

A7.1　(1) $\log_3 \dfrac{1}{7} < \log_3 \dfrac{1}{5} < \log_3 1 < \log_3 5 < \log_3 7$

$\qquad$(2) $\log_{\frac{1}{3}} 7 < \log_{\frac{1}{3}} 5 < \log_{\frac{1}{3}} 1 < \log_{\frac{1}{3}} \dfrac{1}{5} < \log_{\frac{1}{3}} \dfrac{1}{7}$

A7.2　(1) $\log_2 4 = 2$　(2) $\log_2 \dfrac{1}{4} = -2$　(3) $\log_5 125 = 3$　(4) $\log_3 \dfrac{1}{9} = -2$　(5) $\log_8 \dfrac{1}{2} = -\dfrac{1}{3}$

A7.3　(1) $2^3 = 8$　(2) $2^0 = 1$　(3) $2^{-3} = \dfrac{1}{8}$　(4) $64^{-\frac{1}{2}} = \dfrac{1}{8}$

A7.4　(1) 4　(2) $\dfrac{1}{2}$　(3) $-\dfrac{1}{2}$　(4) $-\dfrac{1}{2}$　(5) 0　(6) $\dfrac{1}{5}$　(7) 2　(8) 8

A7.5　(1) 3　(2) 3　(3) $\dfrac{1}{2}$　(4) $\dfrac{3}{2}$　(5) -2　(6) -1　(7) $\dfrac{1}{2}$　(8) $\dfrac{2}{3}$　(9) 2　(10) 1

A7.6　(1) $x = 5$　(2) $-1 < x < 15$

A7.7　(1) $y = \log_2 x$ のグラフを x 軸方向に -2 だけ平行移動したもの.

$\qquad$(2) $y = \log_2 x$ のグラフを x 軸に関して対称移動し, さらに x 軸方向に 2 だけ平行移動したもの.

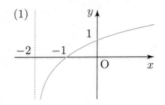
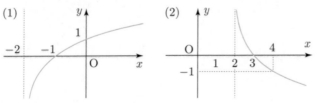

B7.1　(1) 5　(2) 5　(3) π　(4) π　(5) 0

B7.2　(1) $4 < x < 5$　(2) $2 < x < 5$

B7.3　(1) 3　(2) 0

B7.4　略

C7.1　11 枚以上

C7.2　(1) 0.2040　(2) $n = 20$

C7.3　(1) a_0 [%]　(2) $\dfrac{\log 2}{k}$ [分]

A8.1 (1) 4 (2) $-\dfrac{1}{2}$ (3) 1 (4) 6 (5) $-\dfrac{1}{4}$ (6) $-\dfrac{1}{2}$ (7) $\dfrac{\sqrt{2}}{3}$ (8) 0 (9) 1 (10) e (11) ∞

(12) 0 (13) π (14) $-\infty$ (15) ∞ (16) 0 (17) 0 (18) 0 (19) 3 (20) $\dfrac{7}{2}$ (21) $\dfrac{1}{2}$

A8.2 (1) 3 (2) 0 (3) $-\infty$ (4) $-\infty$

B8.1 (1) 1 (2) 1 (3) $\dfrac{1}{2}$ (4) 0 (5) 1

B8.2 (1) ∞ (2) 0 (3) 存在しない

C8.1 (1) $\dfrac{1}{p-q}$ 秒後 (2) $\dfrac{p}{q}$ [g]

C8.2 (1) $S_A = 2x^2 + 4x$ (2) $S_B = x^2 + 2x + x\sqrt{x^2+1}$ (3) 1

A9.1 略

A9.2 略

A9.3 (1) $y' = -x^{-2}$ (2) $y' = -3x^{-4}$ (3) $y' = -\dfrac{1}{4}x^{-\frac{5}{4}}$ (4) $y' = \sqrt{3}\,x^{\sqrt{3}-1}$ (5) $y' = e\,x^{e-1}$

(6) $y' = -2\,x^{-3}$ (7) $y' = \dfrac{1}{3}x^{-\frac{2}{3}}$ (8) $y' = \dfrac{3}{2}x^{\frac{1}{2}}$ (9) $y' = -\dfrac{1}{2}x^{-\frac{3}{2}}$ (10) $y' = 0$

A9.4 (1) $y' = 3x^2 - 4x + 3$ (2) $y' = a\cos x - b\sin x$

A9.5 (1) $y' = \sin x + x \cdot \cos x$ (2) $y' = x\,(x+2)\,e^x$ (3) $y' = \dfrac{1}{x}\cos x - \log x \cdot \sin x$

(4) $y' = \cos^2 x - \sin^2 x$ (5) $y' = \dfrac{2x\sin x - x^2 \cos x}{\sin^2 x}$

(6) $y' = \dfrac{1 - x\log x}{xe^x}$ (7) $y' = \dfrac{xe^x \log x - e^x}{x\,(\log x)^2}$ (8) $y' = -\dfrac{1}{\sin^2 x}$

A9.6 (1) $y' = 3x^2,\ y - 8 = 12\,(x-2)$ (2) $y' = -\sin x,\ \ y - \dfrac{1}{2} = -\dfrac{\sqrt{3}}{2}\left(x - \dfrac{\pi}{3}\right)$

(3) $y' = e^x,\ y - e^2 = e^2(x-2)$ (4) $y' = \dfrac{1}{2\sqrt{x}},\ \ y - \sqrt{3} = \dfrac{1}{2\sqrt{3}}\,(x-3)$

(5) $y' = \dfrac{1}{x},\ \ y - \log 2 = \dfrac{1}{2}(x-2)$ (6) $y' = -\dfrac{3}{2}x^{-\frac{5}{2}},\ \ y - \dfrac{1}{8} = -\dfrac{3}{64}\,(x-4)$

A9.7 略

B9.1 (1) $y' = e^x(\cos x + x\cos x - x\sin x)$ (2) $y' = \cos x \cdot \log x - x \cdot \sin x \cdot \log x + \cos x$

B9.2 略

A10.1 (1) $y' = 6\,(x^5 - 2x + 1)^5 \cdot (5x^4 - 2)$ (2) $y' = -\dfrac{2}{(2x+1)^2}$ (3) $y' = \dfrac{\cos x}{2\sqrt{\sin x}}$

(4) $y' = \dfrac{5x}{\sqrt{5x^2+1}}$ (5) $y' = -3x^2 \sin(x^3+1)$ (6) $y' = \dfrac{2x}{x^2-1}$ (7) $y' = 2xe^{x^2}$

(8) $y' = \dfrac{2x}{\cos^2(x^2+1)}$ (9) $y' = \dfrac{\cos(\log x)}{x}$ (10) $y' = \dfrac{-\sin x}{\cos^2(\cos x)}$

(11) $y' = -e^{\cos x} \cdot \sin x$ (12) $y' = \dfrac{1}{\sin x \cdot \cos x}$ (13) $y' = 2\cos 2x$

(14) $y' = 2\sin x \cdot \cos x$ (15) $y' = -3\sin 3x$ (16) $y' = -3\cos^2 x \cdot \sin x$

A10.1　(17) $y' = -\sin(x\log x)\cdot(\log x + 1)$　　(18) $y' = \dfrac{\cos x - x\sin x}{x\cos x}$

　　　　(19) $y' = e^{x\sin x}(\sin x + x\cos x)$　　　(20) $y' = \dfrac{(x+1)e^x}{\cos^2(xe^x)}$

A10.2　(1) $y' = e^{2x}(2\cos 3x - 3\sin 3x)$　　(2) $y' = \dfrac{e^{x^2}(2x^2\log x - 1)}{x(\log x)^2}$

　　　　(3) $y' = -\dfrac{e^{\frac{1}{x}}(2x^3 + x^2 + 1)}{x^2(x^2+1)^2}$　　　(4) $y' = \dfrac{1}{\sqrt{x^2+1}}$

B10.1　(1) $y' = \dfrac{4}{x}(\sin(\log x))^3\cdot\cos(\log x)$　　(2) $y' = \dfrac{4(\log(\sin x))^3}{\tan x}$　　(3) $y' = \dfrac{e^x(x+1)}{\tan(xe^x)}$

C10.1　(1) $V = \dfrac{4000}{3}\pi$ [cm^3]　　(2) $\dfrac{1}{20\pi}$ [cm/秒]

A11.1　(1) $x = y^2$　　(2) $\dfrac{dy}{dx} = \dfrac{1}{2y}$ $(y \neq 0)$

A11.2　(1) $y' = 2x^{2x}(\log x + 1)$　　(2) $y' = (x+1)^x\left(\log(x+1) + \dfrac{x}{x+1}\right)$

　　　　(3) $y' = (\sin x)^x\left(\log(\sin x) + \dfrac{x}{\sin x}\cdot\cos x\right)$

A11.3　(1) $y' = -\dfrac{1}{3y^2}$ $(y \neq 0)$　(2) $y' = \dfrac{x^2}{y^2}$ $(y \neq 0)$　(3) $y' = \dfrac{y - x^2}{y^2 - x}$ $(y^2 - x \neq 0)$

　　　　(4) $y' = \dfrac{y^2\cos(xy^2)}{1 - 2xy\cos(xy^2)}$　$(1 - 2xy\cos(xy^2) \neq 0)$

　　　　(5) $y' = \dfrac{ye^{xy}}{1 - xe^{xy}}$　$(1 - xe^{xy} \neq 0)$　(6) $y' = -\dfrac{2xy + y^2}{x^2 + 2xy}$　$(x^2 + 2xy \neq 0)$

C11.1　(1) $t = \pm\dfrac{3\sqrt{3}}{2}$　　(2) $\dfrac{dy}{dx} = -\dfrac{9x}{4y}$ $(y \neq 0)$

A12.1　（増減表は略）

　　　　(1) $x = 1$ で極大値 0，$x = 3$ で極小値 -4　　(2) $x = -1$ で極大値 6，$x = 1$ で極小値 -2

　　　　(3) $x = 0$ で極大値 1 をとり極小値はない　　(4) $x = -1$ で極大値 -2，$x = 1$ で極小値 2

　　　　(5) $x = 0$ で極大値 1 をとり極小値はない　　(6) $x = -\dfrac{1}{2}$ で極小値 $-\dfrac{1}{2e}$ をとり極大値はない

A12.2　(1) 略　　(2) 略

C12.1　(1) $\dfrac{4}{x^2}$ [m]　　(2) $x^2 + \dfrac{16}{x}$ [m^2]　　(3) $x = 2$

C12.2　(1) $x(1 - 2x)^2$ [m^3]　　(2) $x = \dfrac{1}{6}$

A13.1　増減と凹凸の表とグラフのみを示す.

(1)

x	$\cdots$	2	$\cdots$
y'	$-$	0	$+$
y''	$+$	$+$	$+$
y	↘	-1 極小	↗

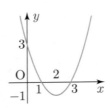

(2)

x	$\cdots$	1	$\cdots$
y'	$+$	0	$-$
y''	$-$	$-$	$-$
y	↗	4 極大	↘

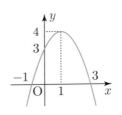

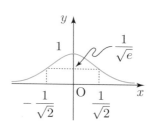
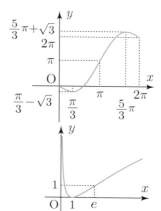

A13.1

(3)

x	$\cdots$	1	$\cdots$	2	$\cdots$	3	$\cdots$
y'	+	0	−	−	−	0	+
y''	−	−	−	0	+	+	+
y	↗	0 極大	↘	−2 変曲点	↘	−4 極小	↗

(4)

x	$\cdots$	0	$\cdots$	2	$\cdots$	3	$\cdots$
y'	−	0	−	−	−	0	+
y''	+	0	−	0	+	+	+
y	↘	15 変曲点	↘	−1 変曲点	↘	−12 極小	↗

(5)

x	$\cdots$	1	$\cdots$	2	$\cdots$
y'	+	0	−	−	−
y''	−	−	−	0	+
y	↗	$\dfrac{1}{e}$ 極大	↘	$\dfrac{2}{e^2}$ 変曲点	↘

(6)

x	$\cdots$	$-\dfrac{1}{\sqrt{2}}$	$\cdots$	0	$\cdots$	$\dfrac{1}{\sqrt{2}}$	$\cdots$
y'	+	+	+	0	−	−	−
y''	+	0	−	−	−	0	+
y	↗	$\dfrac{1}{\sqrt{e}}$ 変曲点	↗	1 極大	↘	$\dfrac{1}{\sqrt{e}}$ 変曲点	↘

A13.2

(1) $y' = 4x^3 + 2x$ $\qquad$ $y'' = 12x^2 + 2$ $\qquad$ $y^{(3)} = 24x$

(2) $y' = -2e^{-2x}$ $\qquad$ $y'' = 4e^{-2x}$ $\qquad$ $y^{(3)} = -8e^{-2x}$

(3) $y' = -3\sin 3x$ $\qquad$ $y'' = -9\cos 3x$ $\qquad$ $y^{(3)} = 27\sin 3x$

(4) $y' = e^x(\sin x + \cos x)$ $\quad$ $y'' = 2e^x\cos x$ $\quad$ $y^{(3)} = 2e^x(\cos x - \sin x)$

B13.1 増減と凹凸の表とグラフのみを示す.

(1)

x	0	$\cdots$	$\pi/3$	$\cdots$	π	$\cdots$	$5\pi/3$	$\cdots$	2π
y'	−	−	0	+	+	+	0	−	−
y''	0	+	+	+	0	−	−	−	0
y	0	↘	$\dfrac{\pi}{3}-\sqrt{3}$ 極小	↗	π 変曲点	↗	$\dfrac{5}{3}\pi+\sqrt{3}$ 極大	↘	2π

(2)

x	0	$\cdots$	1	$\cdots$	e	$\cdots$
y'		−	0	+	+	+
y''		+	+	+	0	−
y		↘	0 極小	↗	1 変曲点	↗

B13.1

(3)

x	-1	$\cdots$	$-3/4$	$\cdots$
y'		$-$	0	$+$
y''		$+$	$+$	$+$
y	-1	$\searrow$	$-5/4$ 極小	$\nearrow$

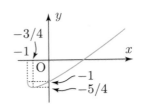

(4)

x	$\cdots$	$-\sqrt{3}$	$\cdots$	-1	$\cdots$	0	$\cdots$	1	$\cdots$	$\sqrt{3}$	$\cdots$
y'	$-$	$-$	$-$	0	$+$	$+$	$+$	0	$-$	$-$	$-$
y''	$-$	0	$+$	$+$	$+$	0	$-$	$-$	$-$	0	$+$
y	$\searrow$	$-\dfrac{\sqrt{3}}{2}$ 変曲点	$\searrow$	-1 極小	$\nearrow$	0 変曲点	$\nearrow$	1 極大	$\searrow$	$\dfrac{\sqrt{3}}{2}$ 変曲点	$\searrow$

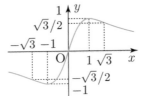

B13.2　(1) 0　(2) $\dfrac{1}{4}$　(3) $\dfrac{3\sqrt{2}}{4}$　(4) $-2\sqrt{2}\,e^{\frac{\pi}{4}}$

C13.1　(1) 19.6 [m/秒]　(2) 9.8 [m/秒^2]

A14.1　(1) $x+C$　(2) $\dfrac{x^6}{6}+C$　(3) $-\dfrac{1}{4x^4}+C$　(4) $\dfrac{2x^2\sqrt{x}}{5}+C$　(5) $\dfrac{2\sqrt{x}}{\sqrt{3}}+C$　(6) $\tan x+C$

A14.2　(1) $\dfrac{1}{15}(3x+1)^5+C$　(2) $-\dfrac{1}{8}(2x+1)^{-4}+C$　(3) $-\dfrac{1}{2}\log|1-2x|+C$

　　　(4) $\dfrac{1}{3}\sin(3x-1)$　　　(5) $-e^{-x+2}+C$　　　(6) $\dfrac{2}{5}(5x-1)^{\frac{1}{2}}+C$

A14.3　(1) $\dfrac{1}{4}\sin^4 x+C$　(2) $\dfrac{1}{25}(x^5-1)^5+C$　(3) $\dfrac{1}{2}\log(x^2+1)+C$

　　　(4) $e^{\sin x}+C$　　　(5) $\dfrac{1}{2}e^{x^2}+C$　　　(6) $\log(e^x+1)+C$

A14.4　(1) $-x\cdot\cos x+\sin x+C$　(2) $x(\log x-1)+C$　(3) $\dfrac{x^4}{16}(4\log x-1)+C$　(4) $\dfrac{e^{2x}}{4}(2x-1)+C$

B14.1　(1) $f(x)+C$　(2) $f(x)\cdot g(x)+C$

B14.2　(1) $\dfrac{2^x}{\log 2}+C$　(2) $x-\sin x+C$　(3) $-e^{-x}(x^2+2x+2)+C$　(4) $(2-x^2)\cos x+2x\sin x+C$

C14.1　$f(x)=x^3+2x^2-5x+4$

C14.2　$\dfrac{1}{3}(3x+2)^2\sin(3x+2)+C$

A15.1　(1) 3　(2) $\dfrac{1}{6}$　(3) $\dfrac{1}{2}$　(4) $\dfrac{2}{3}$　(5) $2(\sqrt{2}-1)$　(6) $4-\log 3$　(7) $\dfrac{e^3-1}{3}$　(8) $\dfrac{1}{3}$

A15.2　(1) 10　(2) $\dfrac{e^2-e^{-2}}{2}$　(3) 1　(4) $\log\dfrac{e+1}{2}$　(5) $\dfrac{e-1}{2}$　(6) $\dfrac{1}{3}$

A15.3　(1) 1　(2) $9\log 3-\dfrac{26}{9}$　(3) $2\log 2-1$　(4) 1　(5) $\dfrac{e^2-3}{4e^2}$　(6) -2π

B15.1　$\dfrac{4}{15}$

C15.1　(1) 5 [km]　(2) 2.5 [km]

C15.2 (1) 加法定理より, $\cos(m+n)x + \cos(m-n)x$

$= (\cos mx \cos nx - \sin mx \sin nx) + (\cos mx \cos nx + \sin mx \sin nx) = 2\cos mx \cos nx$

(2) (1) より, $\displaystyle \int_{-\pi}^{\pi} \cos mx \cos nx \, dx = \frac{1}{2} \int_{-\pi}^{\pi} (\cos(m+n)x + \cos(m-n)x) \, dx$

$\displaystyle = \frac{1}{2} \left[\frac{\sin(m+n)x}{m+n} + \frac{\sin(m-n)x}{m-n} \right]_{-\pi}^{\pi} = 0$

C15.3 $4\pi r^2$

C15.4 (1) 原点を中心とする半径 2 の円の, $y \geqq 0$ の部分 (2) 2π

A16.1 (1) $0 + 3i$ (2) $5 + 3i$ (3) $0 + \sqrt{3}i$ (4) $0 - 3i$ (5) $1 + \sqrt{2}i$ (6) $-1 + 2i$

(7) $4 + 3i$ (8) $5 + 12i$ (9) $\dfrac{1}{2} - \dfrac{1}{2}i$ (10) $0 - 1i$ (11) $\dfrac{4}{5} + \dfrac{3}{5}i$

A16.2 (1) $9i$ (2) $4\sqrt{5} - i$ (3) $4\sqrt{5} + i$ (4) $-9i$ (5) 3 (6) $\sqrt{5} + 2i$

(7) 3 (8) 3 (9) 9 (10) 9 (11) 1

A16.3 (1) $x = \dfrac{1}{2} \pm \dfrac{\sqrt{3}}{2}i$ (2) $x = -1 \pm i$ (3) $x = -\dfrac{1}{4} \pm \dfrac{\sqrt{7}}{4}i$ (4) $x = -\dfrac{1}{2} \pm \dfrac{1}{2}i$ (5) $x = -\dfrac{1}{3} \pm \dfrac{\sqrt{2}}{3}i$

A16.4 (1) $3i$ (2) $5\sqrt{2}i$ (3) $-\sqrt{2}$ (4) $-\sqrt{6}$ (5) -12 (6) $-\sqrt{3}i$ (7) $\sqrt{3}$

A16.5 (1) $r = 2, \theta = 0$ (2) $r = \sqrt{5},\ \theta = \dfrac{\pi}{2}$ (3) $r = \sqrt{3}, \theta = -\dfrac{\pi}{2}$ (4) $r = 5,\ \theta = \pi$

(5) $r = 6, \theta = \dfrac{\pi}{6}$ (6) $r = 4\sqrt{2}, \theta = \dfrac{3}{4}\pi$ (7) $r = 2,\ \theta = -\dfrac{\pi}{3}$ (8) $r = 2\sqrt{3}, \theta = -\dfrac{5}{6}\pi$

A16.6 (1) $-4\sqrt{3} + 4i$ (2) $32 + 32\sqrt{3}i$ (3) $\dfrac{1}{8}i$ (4) $-8 - 8\sqrt{3}i$

C16.1 まず, $e^{i\alpha}e^{i\beta} = e^{i(\alpha+\beta)} = \cos(\alpha+\beta) + i\sin(\alpha+\beta)$ である. 一方,

$e^{i\alpha}e^{i\beta} = (\cos\alpha + i\sin\alpha)(\cos\beta + i\sin\beta) = \cos\alpha\cos\beta + i\cos\alpha\sin\beta + i\sin\alpha\cos\beta + i^2\sin\alpha\sin\beta$

$= (\cos\alpha\cos\beta - \sin\alpha\sin\beta) + i(\cos\alpha\sin\beta + \sin\alpha\cos\beta)$

である. 両者の実数部分と虚数部分を比較すれば, 加法定理が導かれる.

C16.2 (1) $\sin\theta = \dfrac{e^{i\theta} - e^{-i\theta}}{2i}$

(2) $\cos^2\theta + \sin^2\theta = \left(\dfrac{e^{i\theta} + e^{-i\theta}}{2}\right)^2 + \left(\dfrac{e^{i\theta} - e^{-i\theta}}{2i}\right)^2 = \dfrac{e^{2i\theta} + 2 + e^{-2i\theta}}{4} + \dfrac{e^{2i\theta} - 2 + e^{-2i\theta}}{-4} = 1$

A17.1 (1) $y = 4x - 7$ (2) $y = 3x - 5$ (3) $y = -\dfrac{1}{2}x + 2$

A17.2 $y = -x + 2$

A17.3 $d = \sqrt{5}$

A17.4

A17.5 $\quad -\sqrt{5} \leqq k \leqq \sqrt{5}$

A17.6

(1) 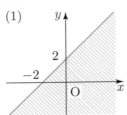 (2) 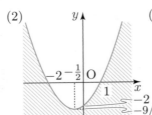 (3) 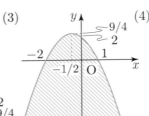 (4)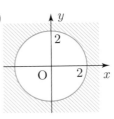

A17.7

(1) 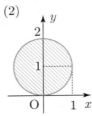 (2) 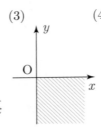 (3) 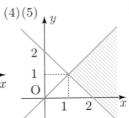 (4)(5) 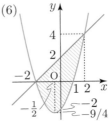 (6)

A17.8 (1) $x^2 - 1 \leqq y \leqq -x^2 + 1$, $-1 \leqq x \leqq 1$ (2) $\cos x \leqq y \leqq \sin x$, $\dfrac{\pi}{4} \leqq x \leqq \dfrac{5}{4}\pi$

(3) $0 \leqq x \leqq \log y$, $1 \leqq y \leqq e$

B17.1 (1) $2x + 3y - 7 = 0$ (2) $x + 2y - 4 = 0$

B17.2 $a = -3$

B17.3 (1) 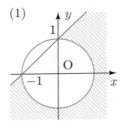 (2) 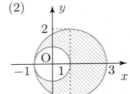 (3) 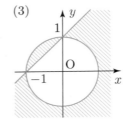 (4)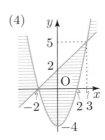

B17.4 (1) $0 \leqq x \leqq y, 0 \leqq y \leqq 1$
(2) $\sqrt{y} \leqq x \leqq 1, 0 \leqq y \leqq 1$

(1) (2)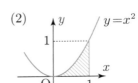

索　　引

◆ あ行 ◆

1 次関数 ……………………… 6
一般角 ……………………… 20
陰関数 ……………………… 64
上に凸 …………………… 8, 70
n 乗根 …………………… 37
オイラーの公式 …………… 88

◆ か行 ◆

開区間 ……………………… 66
角度 ………………………… 18
片側極限 …………………… 50
関数 ………………………… 6
逆関数 ……………………… 7
共役複素数 ………………… 86
極形式 ……………………… 88
極限値 ……………………… 48
極座標 ……………………… 88
極小 ………………………… 67
極大 ………………………… 67
極値 ………………………… 67
虚軸 ………………………… 88
虚数 ………………………… 86
虚数単位 …………………… 86
虚部 ………………………… 86
近傍 ………………………… 66
区間 ………………………… 66
グラフ ……………………… 6
原始関数 …………………… 74
減少関数 …………………… 39
高次導関数 ………………… 72
合成関数 …………………… 12
コサイン …………………… 18
弧度法 ……………………… 18

◆ さ行 ◆

サイン ……………………… 18
三角関数 …………………… 20
三角関数の合成 …………… 28
三角比 ……………………… 18
軸 …………………………… 8

指数 ………………………… 36
指数関数 …………………… 39
指数法則 …………………… 36
自然対数 …………………… 45
下に凸 …………………… 8, 70
実軸 ………………………… 88
実部 ………………………… 86
周期 ………………………… 33
周期関数 …………………… 33
収束 ………………………… 48
純虚数 ……………………… 86
常用対数 …………………… 45
真数 ………………………… 43
正弦 ………………………… 18
正接 ………………………… 18
積分可能 …………………… 81
積分区間 …………………… 81
積分定数 …………………… 74
絶対値 ……………………… 87
漸近線 …………………… 14, 33
増加関数 …………………… 39
増減表 ……………………… 66

◆ た行 ◆

対数 ………………………… 43
対数関数 …………………… 43
対数微分法 ………………… 63
たすき掛け ………………… 9
縦線型領域 ………………… 96
単位円 ……………………… 20
タンジェント ……………… 18
値域 ………………………… 6
底 ………………… 36, 39, 43
定義域 ……………………… 6
定数関数 …………………… 6
導関数 ……………………… 56
動径 ………………………… 20
度数法 ……………………… 18

◆ な行 ◆

ネイピア数 ………………… 45

◆ は行 ◆

発散 ………………………… 49
判別式 ……………………… 9
被積分関数 ……………… 74, 81
左側極限 …………………… 50
微分可能 …………………… 55
微分係数 …………………… 55
複素数 ……………………… 86
複素数平面 ………………… 88
不定積分 …………………… 74
部分積分法 ………………… 77
分数関数 …………………… 14
平均変化率 ………………… 55
平方完成 …………………… 8
べき ………………………… 36
べき関数 …………………… 40
偏角 ………………………… 88
変曲点 ……………………… 70
放物線 ……………………… 8

◆ ま行 ◆

右側極限 …………………… 50
無限大 ……………………… 49
無理関数 …………………… 15
無理式 ……………………… 15

◆ や行 ◆

有理関数 …………………… 14
余弦 ………………………… 18
横線型領域 ………………… 96

◆ ら行 ◆

累乗 ………………………… 36
累乗根 ……………………… 37

◆ わ行 ◆

y 切片 …………………… 6

著　者

つかもと　たつや
塚本　達也　　大阪工業大学　工学部
かまの　けん
鎌野　健　　　大阪工業大学　ロボティクス&デザイン工学部

教科書サポート

正誤表などの教科書サポート情報を
以下の本書ホームページに掲載する.

https://www.gakujutsu.co.jp/text/isbn978-4-7806-1184-7/

基礎数学の講義と演習

2020 年 3 月 30 日　　第 1 版　第 1 刷　発行
2024 年 2 月 20 日　　第 1 版　第 5 刷　発行

著　者　　塚本　達也　鎌野　健
発 行 者　　発田 和子
発 行 所　　株式会社　学術図書出版社

〒113−0033　東京都文京区本郷 5 丁目 4 の 6
TEL 03−3811−0889　振替 00110−4−28454
印刷　三和印刷（株）

定価はカバーに表示してあります.

ISBN978−4−7806−1184−7　　C3041

本書で学んだ主な公式

1. 三角関数に関するもの

$\boxed{\text{加法定理}}$

$$\sin(p+q) = \sin p \cdot \cos q + \cos p \cdot \sin q \qquad \sin(p-q) = \sin p \cdot \cos q - \cos p \cdot \sin q$$

$$\cos(p+q) = \cos p \cdot \cos q - \sin p \cdot \sin q \qquad \cos(p-q) = \cos p \cdot \cos q + \sin p \cdot \sin q$$

$$\tan(p+q) = \frac{\tan p + \tan q}{1 - \tan p \cdot \tan q} \qquad \tan(p-q) = \frac{\tan p - \tan q}{1 + \tan p \cdot \tan q}$$

$\boxed{\text{倍角公式}}$

$$\sin 2p = 2\sin p \cdot \cos p \qquad \tan 2p = \frac{2\tan p}{1 - \tan^2 p}$$

$$\cos 2p = \cos^2 p - \sin^2 p$$

$$= 1 - 2\sin^2 p = 2\cos^2 p - 1$$

$\boxed{\text{積} \rightarrow \text{和差の公式}}$

$$\sin p \cdot \cos q = \frac{1}{2}\{\sin(p+q) + \sin(p-q)\} \qquad \cos p \cdot \cos q = \frac{1}{2}\{\cos(p+q) + \cos(p-q)\}$$

$$\cos p \cdot \sin q = \frac{1}{2}\{\sin(p+q) - \sin(p-q)\} \qquad \sin p \cdot \sin q = -\frac{1}{2}\{\cos(p+q) - \cos(p-q)\}$$

$\boxed{\text{和差} \rightarrow \text{積の公式}}$

$$\sin p + \sin q = 2\sin\frac{p+q}{2} \cdot \cos\frac{p-q}{2} \qquad \sin p - \sin q = 2\cos\frac{p+q}{2} \cdot \sin\frac{p-q}{2}$$

$$\cos p + \cos q = 2\cos\frac{p+q}{2} \cdot \cos\frac{p-q}{2} \qquad \cos p - \cos q = -2\sin\frac{p+q}{2} \cdot \sin\frac{p-q}{2}$$

2. 指数関数に関するもの（ $a, b > 0,\ p, q$ ：実数）

$$a^{p+q} = a^p \cdot a^q \qquad a^{-p} = \frac{1}{a^p} \qquad a^{p-q} = \frac{a^p}{a^q} \qquad a^{pq} = (a^p)^q \qquad (ab)^p = a^p b^p$$

3. 対数関数に関するもの（ a, b ：1 でない正の実数，M, N ：正の実数）

(1) $\log_a MN = \log_a M + \log_a N$ (3) $\log_a M^r = r\log_a M$

(2) $\log_a \dfrac{M}{N} = \log_a M - \log_a N$ (4) $\log_a M = \dfrac{\log_b M}{\log_b a}$

4. 微分に関するもの

$(x^{\alpha})' = \alpha x^{\alpha-1}$　$(\sin x)' = \cos x$　$(\cos x)' = -\sin x$　$(e^x)' = e^x$　$(\log x)' = \dfrac{1}{x}$

$(cf(x))' = cf'(x)$　（c は定数）　$(f(x) \pm g(x))' = f'(x) \pm g'(x)$　（複号同順）

$(f(x) \cdot g(x))' = f'(x) \cdot g(x) + f(x) \cdot g'(x)$

$\left(\dfrac{f(x)}{g(x)}\right)' = \dfrac{f'(x) \cdot g(x) - f(x) \cdot g'(x)}{\{g(x)\}^2}$　ただし $g(x) \neq 0$

$\boxed{\text{合成関数の微分}}$　$y = f(t),\, t = g(x)$ がそれぞれ $t,\, x$ の微分可能な関数であるとき

$y' = f'(t) \cdot t' = f'(t) \cdot g'(x) = f'(g(x)) \cdot g'(x).$

5. 不定積分に関するもの

$\displaystyle\int x^{\alpha}\, dx = \begin{cases} \dfrac{1}{\alpha+1}x^{\alpha+1} + C & (\alpha \neq -1) \\[2mm] \log|x| + C & (\alpha = -1) \end{cases}$　$\displaystyle\int \sin x\, dx = -\cos x + C$

$\displaystyle\int \cos x\, dx = \sin x + C$

$\displaystyle\int a^x\, dx = \dfrac{a^x}{\log a} + C$　$\displaystyle\int e^x\, dx = e^x + C$　$\displaystyle\int \dfrac{1}{\cos^2 x}\, dx = \tan x + C$

$(a > 0, a \neq 1)$

$\displaystyle\int kf(x)\, dx = k\int f(x)\, dx$　　　　　　　　　　（k は定数）

$\displaystyle\int (f(x) \pm g(x))\, dx = \int f(x)\, dx \pm \int g(x)\, dx$　　（複号同順）

$\boxed{\text{置換積分法}}$

$\displaystyle\int f(g(x)) \cdot g'(x)\, dx = \int f(t)\, dt$　ただし $g(x) = t.$

$\displaystyle\int f(x)\, dx = \int f(g(t)) \cdot g'(t)\, dt$　ただし $x = g(t).$

$\boxed{\text{部分積分法}}$

$\displaystyle\int f(x) \cdot g(x)\, dx = F(x) \cdot g(x) - \int F(x) \cdot g'(x)\, dx$　ただし $F(x)$ は $f(x)$ の原始関数.

$\displaystyle\int f(x) \cdot g(x)\, dx = f(x) \cdot G(x) - \int f'(x) \cdot G(x)\, dx$　ただし $G(x)$ は $g(x)$ の原始関数.